W0269739

Beiträge zur
Theorie des Segelns

auf Grund der neueren durch Versuche und Erfahrungen
der Luftfahrt gewonnenen aerodynamischen Erkenntnisse
über die Strömungsvorgänge an Flächen

von

Dipl.-Ing. H. Croseck

Mit 58 Abbildungen

Springer-Verlag Berlin Heidelberg GmbH
1925

ISBN 978-3-662-31461-6   ISBN 978-3-662-31668-9 (eBook)
DOI 10.1007/978-3-662-31668-9

Vorwort.

Wie das Prinzip des strombetätigten Ruders, der Steuerung einer großen Fläche durch eine kleine, die Verwendung von hochwertigen Profilsegeln an Stelle der bisherigen Leinwandsegel möglich gemacht hatte, zeigt im wesentlichen der im November 1924 vor der Schiffbautechnischen Gesellschaft gehaltene Vortrag über die „Anwendung der Erkenntnisse der Aerodynamik zum Windantrieb von Schiffen".

Eingehende Modellversuche mit starren Segelprofilen waren in der Göttinger Aerodynamischen Versuchsanstalt durchgeführt, die Konstruktionen für den Umbau eines großen Seglers nahezu beendet, als durch den in Göttingen bereits wissenschaftlich erforschten rotierenden Zylinder Möglichkeiten ganz anderer Art sich eröffneten.

Während nun durch diese und andere zahlreiche Versuche die wissenschaftlichen Erkenntnisse der modernen Aerodynamik und vor allem durch die Prandtlsche Tragflügeltheorie, die physikalischen Grundlagen der Strömungsvorgänge und Luftkräfte an Flächen, Profilen und rotierendem Zylinder und die Möglichkeit ihrer Beeinflussung durch die verschiedensten Faktoren hinreichend geklärt waren, erwiesen sich die theoretischen Kenntnisse des Schiffbaus über die Frage des Segelproblems nicht nur als sehr primitiv, sondern sogar teilweise als falsch. Meine Hauptaufgabe in der Reihe der Arbeiten, die schließlich zum Umbau der „Buckau" führten, sah ich deshalb zunächst im Studium der Luftkräfte in der Takelage eines Segelschiffes alter Art.

Die ersten Versuche Eiffels und des Göttinger Kreises mit ebenen und gewölbten Platten, Flächen verschiedenen Seitenverhältnisses, Umrisses und Profilgebung gaben bereits Aufschluß über die maßgeblichen Faktoren, ließen schon die grundsätzlich verschiedenen Bedingungen erkennen, die für die Fahrt am Winde und für raumere Kurse bestehen. Denn während für die Am-Wind-Fahrt manche Analogie mit dem Flugzeug im Horizontalflug besteht, indem vor allem der Widerstand in jeglicher Form schädlich ist, treten für raumere Kurse ganz andere Bedingungen in die Erscheinung.

Diese grundlegenden Versuchsergebnisse gaben mir damals schon Antwort auf die Zeit- und Streitfragen des Jachtbaus: ob Gaffel-

oder Hochtakelung, ob flach oder bauchig geschnittene Segel und
dergleichen mehr, ohne damals diese Ideen für Segeljachten weiter
verfolgen zu können.

Die Versuche mit wirklichen Segelmodellen und einer vollgetakelten
Schonerbrigg gaben den absoluten Kräftevergleich zwischen Segel,
Flächen und Profilen und einen Maßstab für die Bemessung der Metall-
segel und späterhin der Rotoren.

Eine Erklärung der Entstehung dieser Strömungsvorgänge zu
geben, ist die Aufgabe der wissenschaftlichen Aerodynamik, und ich
kann mich da mit kurzen Hinweisen auf deren zahlreiche Veröffentlichungen begnügen und baue im wesentlichen auf den auch quantitativ
brauchbaren Versuchsergebnissen auf.

So hoffe ich, in erster Linie dem Ingenieur und Studierenden durch
die Bekanntgabe der numerischen Versuchswerte einiges Material für
ihre Arbeiten zu geben.

Vielleicht helfen diese kurzen Beiträge, einiges Licht in ein altes
und doch wenig erforschtes Gebiet zu bringen und die Grundlagen zu
geben, die es ermöglichen, später einmal auf Grund weiterer Versuche
und Erkenntnisse die Beziehungen aufzustellen für das Kräfte- und
Momentengleichgewicht des mit Abtrift und Krängung sich bewegenden
Segelfahrzeuges, und so eine umfassende Segeltheorie zu schaffen.

Kiel, August 1925.

H. Croseck.

Inhaltsverzeichnis.

I. Einleitende Betrachtungen, einige Definitionen, kurze Diskussion der alten Segeltheorie.

Das „wirtschaftliche Schiff" war und ist heute mehr denn je die Aufgabe des Schiffbaues. Wir sehen sie in mannigfaltigster Weise gelöst, vor allem in den Nachkriegsjahren, in einer schnellen Entwicklung vom dampfmaschinengetriebenen Fahrzeug, über Ölfeuerung, Turbinenantrieb zum durch Dieselmotor und dieselelektrisch getriebenen Schiff.

In der Hauptsache versuchte man also neben weniger ins Gewicht fallenden konstruktiven Änderungen im Bau des reinen Schiffskörpers, die Aufgabe durch die Wirtschaftlichkeit der Antriebskraft zu lösen.

Wenn wir nun bedenken, welche Schwierigkeiten und Abhängigkeiten in der Beschaffung und dem Preise der gebundenen Naturkräfte, Kohle und Öl, bestehen, welche Wirkungsgradverluste mit jeder der notwendigen vielfachen Energieumformungen verbunden sind, ehe in der sich drehenden Schraube dem Schiffe die vorwärtstreibende Schubkraft mitgeteilt wird, taucht die Frage auf: „Warum benutzt man den Wind, diese frei und kostenlos dahinströmende Naturkraft so wenig, diese Energiequelle, der man die vorwärtstreibende Schubkraft so einfach dadurch entziehen kann, daß man nichts als einen Mitnehmer auf das Schiff stellt? Warum dieser Rückgang der Segelschiffahrt seit Einführung einer betriebssicheren Maschine?"

Mehrere, des öfteren diskutierte Gründe waren es, die hierfür angegeben wurden:

1. Die größere Unabhängigkeit des Dampfers von Wind und Wetter, die es ihm ermöglichen, bestimmte Routen, Durchschnittsgeschwindigkeiten und feste Termine einzuhalten.

2. Die bessere Manövrierfähigkeit des Dampfers in engen Gewässern ohne Schlepperhilfe und größeren Zeitverlust, sowie die Möglichkeit, näher an der Küste zu fahren, während die Seglerwege normalerweise weitab von der Küste liegen.

3. Geringerer Mannschaftsbedarf pro Tonne Ladefähigkeit gegenüber dem Segler.

4. Größere Tragfähigkeit bei gleichen Hauptabmessungen.

Die ersten beiden Einwände sind seit Einführung eines durchaus betriebssicheren Hilfsmotors in die Segelschiffahrt und bei dem heutigen Stande der Meteorologie nicht mehr stichhaltig.

Wenn ein guter Kapitän heutzutage, auf Grund seiner Kenntnisse der Wind- und Wetterkunde, die Seglerwege wählt, und in windschwachen Stunden oder Kalmenzonen, die ihn sonst unter Umständen Wochen festhalten können, den Motor zur Hilfe nimmt, kann er sicherlich fast genau so gut bestimmte Termine innehalten, wie der Führer eines nur maschinell getriebenen Fahrzeuges es kann.

Schlepperkosten entfallen durch den Hilfsmotor ebenfalls, und die Wahl von Seglerwegen in der Nähe der Küste ist leichter möglich, da durch den Motor die Betriebssicherheit erhöht und ein leichteres Freikreuzen bei auflandigen Winden möglich ist.

Die beiden letzten Gründe sind ebenfalls nicht mehr so stichhaltig, seitdem der Segelschiffbau, wenigstens im Bau des reinen Schiffskörpers, wenn auch mit entsprechender Phasenverschiebung gegenüber dem Dampferbau, die bedingt ist durch den allzu konservativen Sinn der Seeleute, der hier besonders hindernd wirkte, einigermaßen den Anschluß an die Fortschritte der Technik gefunden hat[1]).

Der Übergang von Holz zum Stahl und Anwendung der auf neueren Erkenntnissen beruhenden Konstruktionsprinzipien des Dampferbaues, die Wahl größerer Völligkeitsgrade, geben dem Segler von heute sicherlich dieselbe, wenn nicht größere, Nettotragfähigkeit verglichen mit einem Dampfer gleicher Hauptabmessungen, da bei letzterem die Maschinen und Bunkerräume einen erheblich größeren Teil der Bruttotragfähigkeit beanspruchen.

Um Mannschaft zu sparen, sind auch in der Anordnung der Takelage große Fortschritte gemacht worden, soweit es bei Verwendung des Segels aus Leinwand möglich ist. Stahlmasten traten an die Stelle von Holzmasten, Hanfleinen und Ketten wurden durch lehnigen Stahldraht ersetzt, das Gewicht der Takelage weiterhin durch Verwendung geschweißter oder gezogener Rohre, an Stelle genieteter, für Masten, Bäume, Stengen und Rahen vermindert.

Die Bedienung wurde durch Teilung der hohen Mars- und später auch der Bramsegel erleichtert und die maschinellen Einrichtungen für die Handhabung der Segel ebenfalls vervollkommnet, indem man Taljen durch Winden, z. B. Rahfall- und Brassenwinden, ersetzte, Gangspille oder Reelingwinden für Schoten und Halsen der Untersegel verwandte. Ferner sei auch an die mannigfachen Patentreffvorrichtungen erinnert.

Wenn man auch bei Anwendung aller dieser maschinellen Hilfsmittel heute beinahe so weit ist, daß fast die ganze Bedienung der Segel

---

[1]) S. Prof. Laas, Die großen Segelschiffe.

von Deck aus geschehen kann, so wird man doch bei Anwendung des nicht formbestimmten Stückes Leinwand nie dahin kommen, wie Prof. Laas in dem oben zitierten Buch so anschaulich sagt: „Die wechselnde Kraft des Windes mit derselben spielenden Leichtigkeit zu lenken wie große Krananlagen bis 150 t Tragkraft und Schiffsmaschinen bis 40000 PS.‟

Denn das ist das Grundübel, das trotz einer Entwicklung von Jahrtausenden, trotz aller technischen Fortschritte im einzelnen die Entwicklung des Segelschiffbaues stagnieren ließ, daß wir heute noch den Fetzen Leinwand dort oben hängen haben, den schon auf den Caravellen des Kolumbus der Wind blähte, daß man niemals versuchte, die aerodynamische Seite des Problems zu lösen, niemals versuchte, tiefer einzudringen in das Spiel der Luftkräfte, Kenntnis zu gewinnen von den Strömungsvorgängen.

Das Segel in seiner heutigen Ausgestaltung ist aerodynamisch gesprochen kein gutes „Profil‟ und erfordert durch die Art seiner konstruktiven Anordnung zu viel Elemente, wie Wanten, Stagen, Schote, Brassen, Fallen usw., die aerodynamisch unwirksam sind, größtenteils sogar hinderlich wirken, reine Widerstandskörper sind, aus denen ein großer Takelagewiderstand entsteht, der seinerseits wieder eine über die Zwecke einer Hilfsmaschine hinausgehende Antriebsmaschine bei widrigen Winden erfordert.

Wir wollen deshalb jetzt einmal die aerodynamische Seite des Problems untersuchen auf Grund der neueren, durch Versuche und Erfahrungen der Luftfahrt gewonnenen, aerodynamischen Kenntnisse über die Strömungsvorgänge an Flächen.

In der modernen Hydrodynamik hat man sich durch theoretische Betrachtungen nun zwar schon manchen Aufschluß über die Natur der Strömungskräfte bei einigen besonders gestalteten Körpern verschafft. Man ist jedoch noch lange nicht in der Lage, für einen beliebig gestalteten Körper die Größe der an ihm auftretenden Kräfte im voraus angeben zu können, wenn man ihn mit einer gegebenen Geschwindigkeit v durch die Luft bewegt. Daher kommt es, daß man die Messung der Flächenkräfte durchaus nicht entbehren kann. Solche Messungen liegen in großer Zahl vor, und wie für die Flugtechnik diese Messungsergebnisse der aerodynamischen Versuchsanstalten die Grundlage praktischer Berechnungen ergeben haben, so wird es unsere Aufgabe sein, an Hand dieser grundlegenden Versuche der Flugtechnik unsere Erkenntnis zur Lösung des Segelproblems zu erweitern.

An Hand von Versuchen mit ebenen und gewölbten Platten, Platten verschiedenen Seitenverhältnisses und Umrisses, sowie festen kreisgewölbten Platten mit Rundstab an der Vorderkante und wirklichen Segelmodellen aus Leinwand wollen wir versuchen, einen Überblick über den Verlauf der Kräfte in einem Segel nach Größe, Richtung und Lage abhängig von obigen Faktoren zu gewinnen. Ein Versuch mit einer vollgetakelten Schonerbrigg wird uns Aufschluß geben über die Wirkung eines aus vielen Einzelteilen bestehenden Segelflächensystems.

Für ein reines Regattafahrzeug liegt der Erfolg in seinen Am-Wind-Eigenschaften in so hohem Maße, daß meiner Ansicht nach dieser Fähigkeit, möglichst hoch am Winde segeln zu können, alles andere unterzuordnen ist. Erstes Ziel eines Rennbootkonstrukteurs muß es also sein, ein Fahrzeug zu schaffen, das am Winde bei gleicher Schnelligkeit, wie seine besten Gegner sie haben, möglichst höher anliegen kann, und alle Wettsegelbestimmungen und Ausweichregeln für Regatten sind darauf gegründet, daß sie gute Am-Wind-Eigenschaften in erster Linie berücksichtigen. Soll nun, um ein möglichst gutes Am-Wind-Fahren erzielen zu können, das Segel flach oder bauchig, schmal und hoch oder verhältnismäßig breiter und niedriger geschnitten sein, wobei wir von der Zunahme der Windgeschwindigkeit in vertikaler Richtung und ihrer Ausnutzungsmöglichkeit vorerst absehen wollen?

Für ein Handelsfahrzeug, das vermöge seiner völligeren Form ohnehin mehr Abtrift besitzt und deshalb nicht so hoch am Winde liegen kann, wird zu untersuchen sein, ob es nicht vorteilhafter ist, die gegebene Segelfläche dahin auszunutzen, daß bei gleichen Kursen wie mit der bisherigen Segelanordnung eine größere Vortriebskraft zu erzielen ist, denn da der nützliche, in Windrichtung zu gewinnende Weg mit dem Kosinus des Winkels des Windes zum Kiele veränderlich ist, dürfte bei den kleinen Winkeln am Winde es für ein Handelsfahrzeug im allgemeinen vorteilhafter sein, durch stärkeres Abfallen die größere Vortriebskraft auszunutzen. Anschließend würde dieselbe Frage über Wirkung des Seitenverhältnisses, der Wölbung usw. in ihrer Auswirkung auf raumeren Kursen und vor dem Winde zu erörtern sein.

Auf die Entwicklung der Segelschiffahrt zurückblickend, bemerken wir, daß zu Beginn die Segel sowohl in Quer- als Höhenrichtung sehr bauchig geschnitten waren. Die Erfolge neuerer Rennfahrzeuge mit flach stehenden Segeln führte man zunächst fälschlicherweise auf diesen Umstand zurück, während man heute auf Grund weiterer Erfahrungen wohl allgemein wieder zu verhältnismäßig bauchigen Segeln übergegangen ist. Es hat sich gezeigt, daß Fahrzeuge mit Hochtakelung am Winde überlegen sind. Jedoch in allen Fällen sehen wir ein unbewußtes Vorwärtstasten, lediglich ein Weiterbauen auf Erfahrungen, die mit vorhandenen Fahrzeugen gemacht wurden, nicht unbedingt die Erzielung von etwas vorher Gewolltem. Wir müssen deshalb in unserer Erkenntnis dahin kommen, daß wir z. B. für ein Rennfahrzeug, das gute Am-Wind-Eigenschaften haben soll, bei gegebener Segelfläche für den vorliegenden Zweck das günstigste Seitenverhältnis und zuverlässigste Maß der Wölbung angeben können, um die höchste Schubkraftentwicklung garantieren zu können.

Unsere Kenntnisse werden wir im wesentlichen aus folgenden Quellen schöpfen:

G. Eiffel, Der Luftwiderstand und der Flug. — Technische Berichte der Flugzeugmeisterei I und II. — Versuchsergebnisse der Göttinger Aerodynamischen Versuchsanstalt, I. und II. Lieferung.

Fuchs-Hopf, Aerodynamik, sowie aus speziellen Versuchen, die von mir im Auftrage des dem Flettner-Konzern angehörigen N. V. Institut voor Aero- en Hydro-Dynamiek in der Göttinger Aerodynamischen Versuchsanstalt angestellt wurden.

Alles Nähere über Modellversuchsanordnungen, theoretische Grundlagen der Modellversuche und gültigen Ähnlichkeitsgesetze und Übertragungsmöglichkeiten, Definitionen der sog. dimensionslosen Beiwerte usw. findet sich in den oben angeführten Abhandlungen, so daß es sich erübrigt, hier näher darauf einzugehen, ebenso kann ich die Definition des Kursdreiecks aus wahrem, scheinbarem oder relativem Winde und Schiffsgeschwindigkeit als bekannt voraussetzen.

In den obigen Veröffentlichungen sehen wir, wie das sog. „Polardiagramm", in dem die Auftriebsbeiwerte als Funktion der Widerstandsbeiwerte aufgetragen und die jeweiligen Anstellwinkel an den einzelnen Meßpunkten vermerkt werden, ein anschauliches Bild des Kräfteverlaufs bei den verschiedenen Einstellungen einer Fläche oder Profils zum Winde gibt.

Diese Darstellung des Kräfteverlaufes in einem Polardiagramm wird auch uns späterhin wertvolle Dienste leisten, da sich aus ihr ein von mir „Kurseck" genanntes Polardiagramm herleiten läßt in dem der Verlauf der Kraftkomponenten auf den einzelnen Kursen in Bewegungsrichtung des Fahrzeuges zum wirksamen, d. h. scheinbaren oder relativen Winde zu ersehen ist und gleichzeitig die günstigsten Anstellwinkel des Profils oder Segels auf dem betreffenden Kurse ergeben.

In nebenstehender Darstellung (Abb. 1) ist die Polarkurve $C_a = f$ (C_w) des Göttinger Kreisbogenprofils Nr. 568i gegeben, wobei jedoch die C_a- und C_w-Werte in gleichem Maßstabe aufgetragen sind, die Größe des Neigungswinkels des C_r-Beiwertes, also der wirklichen Neigung der Kräfteresultierenden gegen die Windrichtung entspricht. Ich setzte hier analog der Definition der C_a- und C_w-Beiwerte

$$R = C_r \cdot F \cdot q$$

Obiges Profil sei nun als Triebfläche eines Schiffes gedacht und der Windwiderstand des Überwasserschiffskörpers vernachlässigbar gering.

Der scheinbare Wind komme in der eingezeichneten Richtung, das Schiff fahre bei VI Strich zum scheinbaren Winde in Richtung OA, dann ergibt eine Tangente an die Polarkurve senkrecht zur Bewegungsrichtung des Fahrzeuges in der Länge $OA = C_l$, die im Maßstabe der C_a- und C_w-Beiwerte zu messen ist, die größtmöglichste Komponente von R in dieser Fahrrichtung $L = C_l \cdot F \cdot q$. Entsprechend ist die Quer- oder Abtriftkomponente $Q = C_q \cdot F \cdot q$, indem $C_q = AB$ zu messen ist.

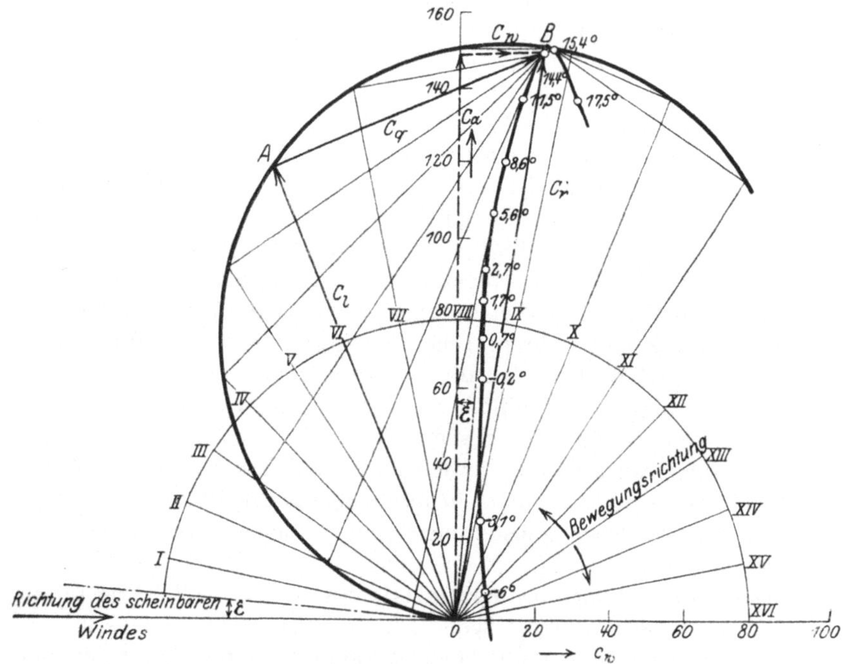

Abb. 1. Profil Nr. 568i. Kreisbogenprofil, Vorderkante zugeschärft. Polarkurve der C_r Werte und Kurseck der C_l Komponenten in Bewegungsrichtung auf den verschiedenen Kursen zum scheinbaren Winde.

Als günstigster Anstellwinkel des Profils auf diesem Kurse ergibt sich dabei ein Winkel von 14,4° zum scheinbaren Winde.

Zieht man senkrecht zur Tangente, vom Ursprung an die Polarkurve eine Gerade, so ergibt der Winkel ε die Grenzlage und kleinsten Kurswinkel, von dem ab überhaupt erst eine Vortriebskraft in Längsschiffsrichtung zu erzielen ist und der in diesem Falle ca. 5° beträgt.

Die bis jetzt bestehende Segeltheorie geht in Anlehnung an die Anschauung der Klassiker der Hydraulik Newton und Euler, ebenso wie auch noch die meisten Ruderdruckformeln, von der falschen Annahme aus, daß alle Luftteilchen mit der gleichen Geschwindigkeit

stoßartig auf das Segel treffen, und daß diese Geschwindigkeit restlos
an der Fläche vernichtet wird, indem man ein ideales reibungsloses
Medium voraussetzt und die Vorgänge an der Rückseite unberück-
sichtigt läßt. Als wirksame Komponente des Windes[1]) kommt nach
dieser Anschauung nur die senkrechte Komponente PO in Frage, die
am größten wird, wenn der Wind senkrecht auf das Segel trifft und
mit dem Sinus des Einfallswinkels veränderlich ist. Vortriebskomponente wird hiernach QO, während PQ die Abtriftkomponente darstellt.

In der weiteren Entwicklung wird dann unter der falschen Annahme,
daß die Segelfläche jeweils so gestellt werden müsse, daß sie einen
möglichst großen Ein-
fallswinkel mit der Wind-
richtung bilde, gezeigt,
daß die günstigste Segel-
stellung die sei, wenn
$\alpha = \beta$ bzw. unter Berücksichtigung der Ab-
trift $\alpha = \beta + \tau$ sei, d. h.
die theoretisch vorteil-
hafteste Segelstellung
sei die, die den Winkel
zwischen der scheinbaren
Windrichtung und der
Bewegungsrichtung des
Schiffes halbiert. Man
macht also den grund-
legenden Fehler, Geschwindigkeitskomponenten zu zerlegen und nicht
die Kraftkomponenten, denn als Druck des Windes andrerseits auf
die Segelfläche bei 90° Anstellung wird

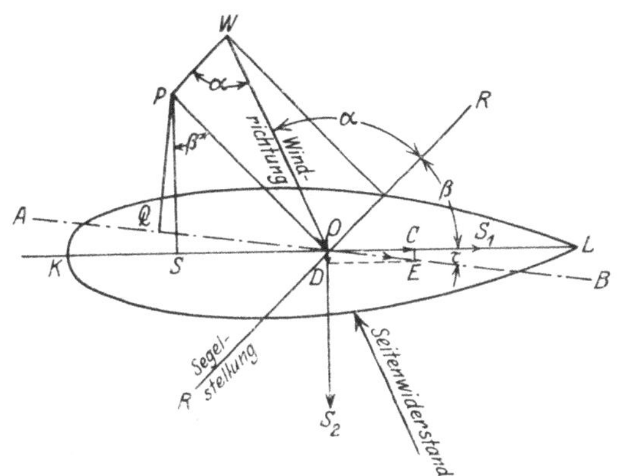

Abb. 2. Komponentenzerlegung nach der bisherigen Segeltheorie.

$$P = F \cdot v^2 \cdot k \cdot \frac{\gamma}{2\,g}$$

angenommen, wobei

v die Windgeschwindigkeit in m/sek.,
γ das spez. Gewicht der Luft ($\sim 1,3$ kg/cbm),
g die Erdbeschleunigung (9,81 m/sec²),
k einen Erfahrungsbeiwert,
F die Fläche in qm,

bedeuten.

Dieser vielgenannte Beiwert „k" konnte das Ergebnis für 90° Anstellwinkel zwar richtigstellen, man machte jedoch den Fehler, ihn

---

[1]) S. Abb. 2 und J o h o w - F o e r s t e r , Hilfsbuch für den Schiffbau,
4. Aufl., Fig. S. 403.

konstant zu lassen. Da die senkrecht auf die Fläche treffende Geschwindigkeitskomponente nach $v \sin \alpha$ variiert, ergibt sich unter dem

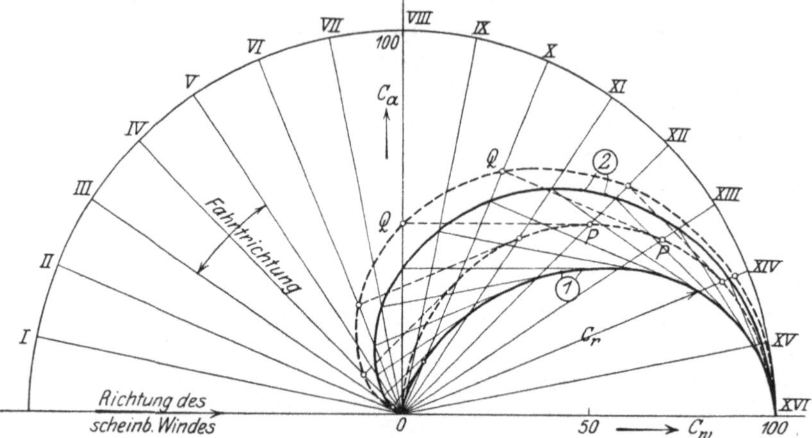

Abb. 3. Zerlegung der Geschwindigkeitskomponenten nach der alten Segeltheorie.

① Polarkurve nach der alten Segeltheorie.

② desgl. Kurseck.

Anstellwinkel α als senkrechter Druck des Windes auf die Segelfläche die Komponente $PO = F \cdot (v \sin \alpha)^2\, k \cdot \dfrac{\gamma}{2\,g}$.

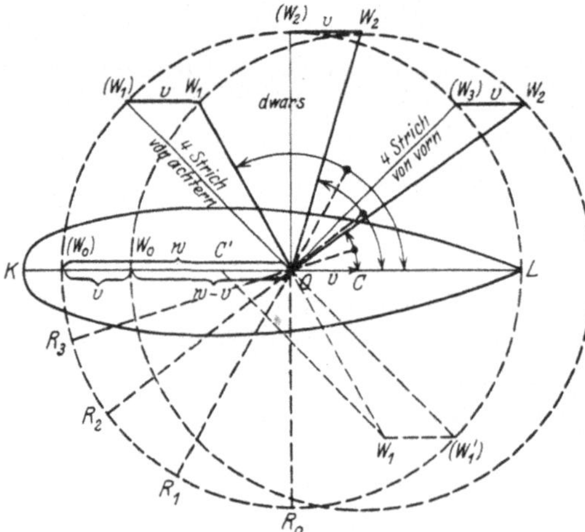

Abb. 4. Günstigste Segelstellung nach der alten Segeltheorie.

Überhaupt nicht berücksichtigt wird hierbei die Formgebung und Anordnung der Segelflächen, der Einfluß des Seitenverhältnisses, der Wölbung und des Umrisses.

Um einen Vergleich zu haben, bringen wir obige Werte in die übliche Göttinger Darstellungsart des Polardiagramms. Die Kraft in Windrichtung oder der Widerstand W wird danach

$$W = F \cdot v^2 \sin^3 \alpha\, k \cdot \frac{\gamma}{2\,g} = C_w \cdot F \cdot q = C_w \cdot F \cdot \frac{\gamma}{2\,g}\, v^2,$$

also $C_w = k \cdot \sin^3 \alpha$, entsprechend

$$C_a = k \cdot \sin^2 \alpha \cdot \cos \alpha \ .$$

Das Kurseck für diese Auffassung habe ich ebenfalls in Abb. 3 dargestellt.

Unter Annahme, daß $k = 100$ ist C_w für 90^0 hierbei $= 100$ gesetzt worden, was das Ergebnis für 90^0 mit unseren Versuchsergebnissen an-

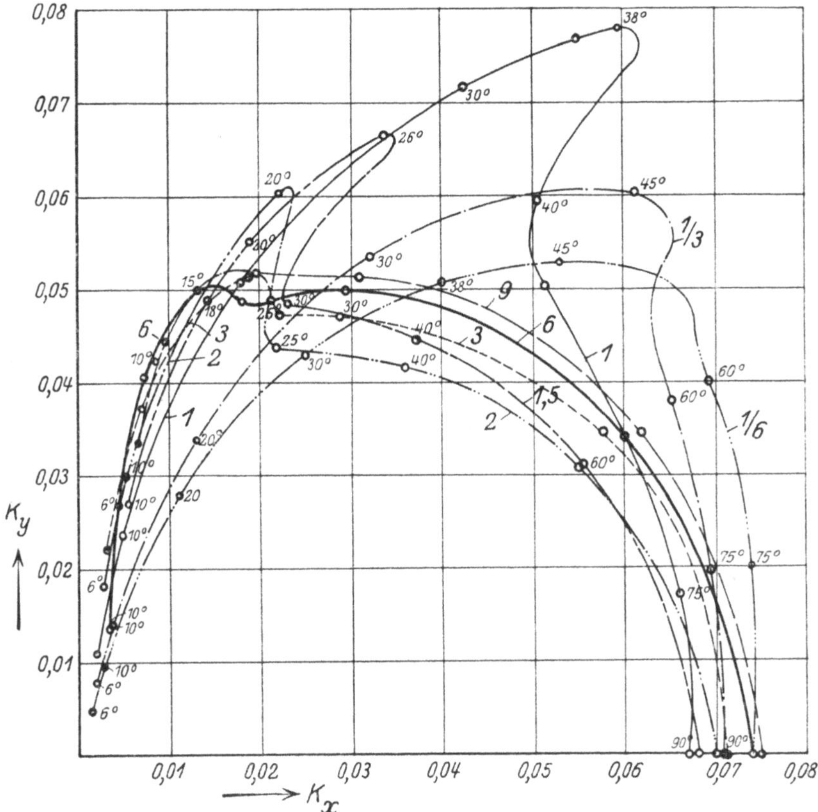

Abb. 5. Polarkurven von ebenen Platten mit verschiedenem Seitenverhältnis[1])

nähernd gleichstellt. Für $\alpha = 0^0$ wird wegen der Voraussetzung des reibungslosen Mediums auch $c_w = 0$, d. h. die Fläche widerstandslos. Wie wenig aber auch der übrige Verlauf der Kurve stimmt, wird der spätere Vergleich mit unseren Versuchskurven zeigen.

Ein Versuch, die Schiffsgeschwindigkeit auf den einzelnen Kursen zum Winde zu errechnen, ist niemals gemacht worden. Jedenfalls gibt der Verfasser der im Johow-Foerster veröffentlichten Segeltheorien

---

[1]) Vgl. G. Eiffel a. a. O.

noch folgende Figur, Abb. 4, in der konstante Schiffsgeschwindigkeit auf allen Kursen angegeben ist, während in Wirklichkeit infolge des

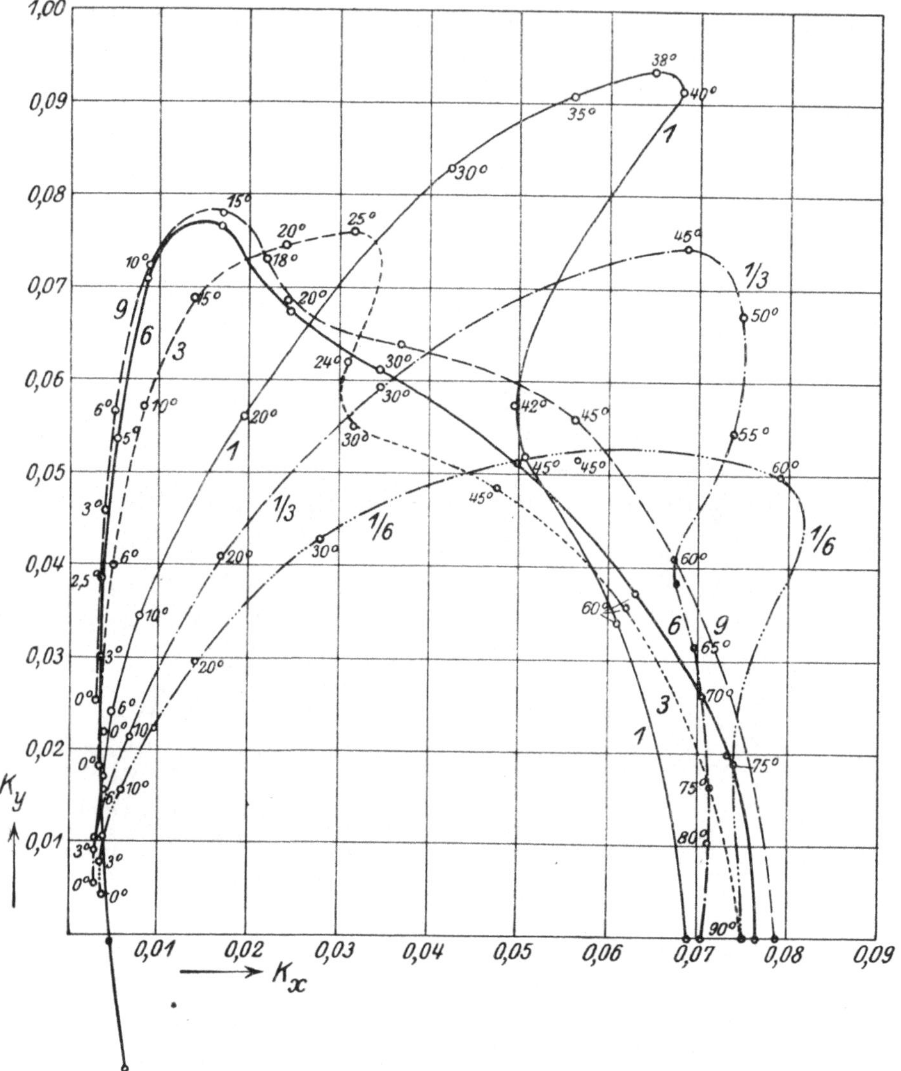

Abb. 6. Polarkurven von Platten mit Kreiswölbung von 1/13. 5 Pfeil und verschiedenem Seitenverhältnis[1]).

auf den einzelnen Kursen stark veränderlichen scheinbaren Windes und der Veränderlichkeit der c_l-Komponente die Geschwindigkeit des Schiffes auf den einzelnen Kursen ebenfalls sehr verschieden ist.

[1]) Vgl. G. Eiffel a. a. O.

II. Grundlegende Messungsergebnisse.

a) Wirkung des Seitenverhältnisses.   (Induzierter Widerstand.)

Abb. 5 und 6 geben die Messungsergebnisse Eiffels über den Kräfteverlauf von ebenen Platten und kreisgewölbten Flächen von

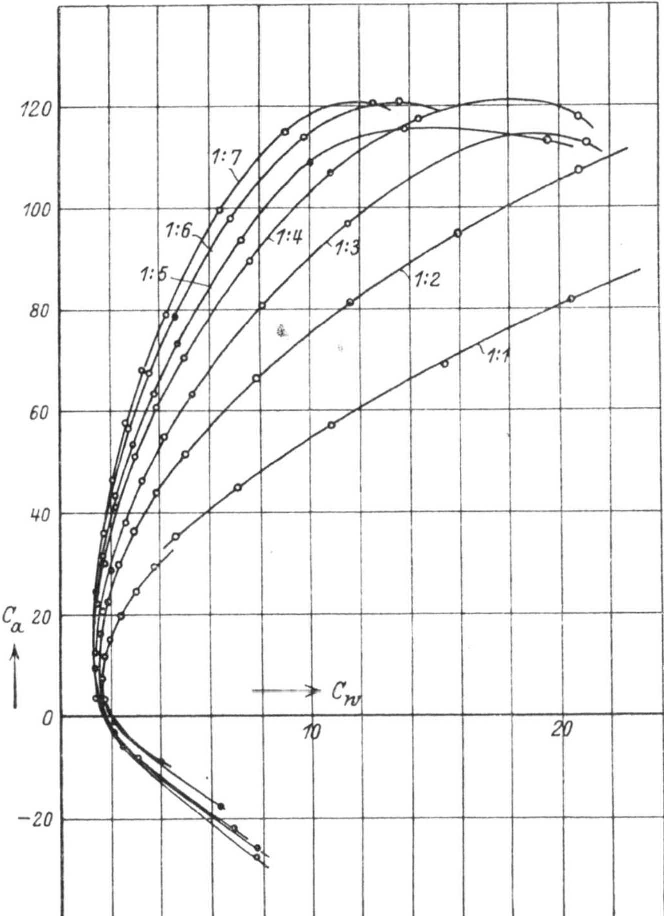

Abb. 7. Polarkurven des Göttinger Profils Nr. 389 bei einem Seitenverhältnis von 1:1 bis 1:7[1]).

$\dfrac{1}{13,5}$ Pfeil (d. h. Flächen, bei denen das Verhältnis der Höhe der Wölbung zur Länge der Sehne 13,5 beträgt) für verschiedene Seitenverhältnisse in der üblichen Darstellung des Polardiagramms $K_y = f(K_x)$,

---

[1]) Vgl. Ergebnisse der Aerodynamischen Versuchsanstalt Göttingen 1. Lfrg. S. 50/53.

nur daß wir analog der deutschen Auftragung K_x nach rechts aufgetragen haben, nicht nach links, wie es Eiffel zu tun pflegt.

Abb. 7 gibt entsprechend Göttinger Ergebnissen die Polardiagramme des Profils 389 bei Änderung des Seitenverhältnisses $t:b$. Nähere Angaben über Form und Abmessungen der Platten und Profile finden sich in den auf den Abbildungen angeführten Quellen, wo auch die Zahlenwerte der Messungen angegeben sind.

Ein Vergleich der absoluten Werte interessiert vorläufig weniger. Es handelt sich zunächst darum, ein Bild über den Kräfteverlauf im allgemeinen bei Änderung der Neigung zu bekommen, und da sehen wir, daß unabhängig von dem jeweils erreichten Höchstwert bei Änderung des Seitenverhältnisses die Tendenz der Polarkurven von ebenen und gewölbten Platten sowie Profilen vollkommen ähnlich ist. Wir sehen jedenfalls, daß bei keiner Messung der Kräfteverlauf auch nur angenähert dem sinus-quadrat-förmigen Verlauf entspricht, den die bisherige Segeltheorie annahm, und der ein Kräftemaximum bei 90° Einfallswinkel ergibt.

Ausgehend von der quadratischen Platte sehen wir, daß mit Zuname des Seitenverhältnisses die Steigung der Polarkurven in den kleinen Anstellwinkelbereichen immer steiler wird, d. h. das Verhältnis von Auftrieb zu Widerstand günstiger.

Das Auffallendste dieser Messungen sind jedoch die aus dem Rahmen herausfallenden Sondereigenschaften der quadratischen Platte und die Zweideutigkeit ihrer Auftriebs- und Widerstandsbeiwerte bei ca. 40° Anstellwinkel, die sowohl bei den ebenen wie bei den gewölbten Platten zu beobachten ist. Wie Föppl in seinen grundlegenden Untersuchungen im Jahrbuch der Motor-Luftschiff-Studien-Gesellschaft 1910/11 zeigt, hängt diese Erscheinung mit einem Umschlag der Strömung in diesem Anstellwinkelbereich zusammen. Dabei liefert, sich kontinuierlich den Beiwerten für kleine Neigungswinkel anschließend, die eine von diesen beiden Strömungen die großen Auftriebs- und Widerstandskoeffizienten, während die zweite mögliche Strömung ca. 60—80% niedrigere Koeffizienten zur Folge hat, die sich den Werten für die großen Neigungswinkel anschließen. Nach den Untersuchungen von Föppl zeigt sich, daß, wenn sich in dem kritischen Gebiet einmal eine der beiden Strömungsformen ausgebildet hat, diese bestehen bleibt, solange nicht ein grober Stoß eine Störung veranlasse, man es also mit zwei stabilen Strömungen zu tun habe und je nachdem, ob man von kleinen Anstellwinkeln kommend die Neigung langsam vergrößert oder mit größeren Anstellwinkeln beginnend die Neigung verkleinert, einmal die großen und einmal die kleinen Auftriebs- und Widerstandsbeiwerte erhalte.

Die Ursache dieser Verschiedenheit der Beiwerte liegt nach Föppls Beobachtungen in einer Änderung der Strömungsform, die im ersten

Fall, wo die großen Beiwerte erzielt werden, noch laminar ist, im Falle der kleineren Beiwerte jedoch turbulent wird, so daß das ganze Gebiet hinter der Platte in wirbelnder Bewegung begriffen ist. Nach Föppls Ansicht fällt der Impuls der nach unten geschleuderten Flüssigkeit hinter der Platte dadurch größtenteils fort, woraus sich die Verminderung des Auftriebs zugleich mit dem Widerstand erklärt.

Bestätigt wird diese Ansicht auch noch durch die Druckmessungen Eiffels an der quadratischen Platte, bei denen sich zeigt, daß die Abnahme der Gesamtkräfte vor allen Dingen durch eine Änderung des Unterdrucks auf der Rückseite der Platte in dem fraglichen Bereich eintritt.

Man sieht nun, wie die Kurven der Platten mit Seitenverhältnissen, die größer sind als das Quadrat $1,5 - 2 - 3 - 6$, sich durch ähnliche Ausbiegungen der Polarkurve auszeichnen, die jedoch deutlich nach und nach geringer werden, um bei dem Seitenverhältnis 9 fast ganz zu verschwinden.

Die Höchstwerte relativ zueinander nehmen ab und entsprechend werden die Neigungswinkel, die dem ersten Auftriebsmaximum zugehören, kleiner.

Eine Erklärung dieses verschiedenartigen Verhaltens der Platten verschiedenen Seitenverhältnisses hat Prof. Prandtl in seiner Tragflügeltheorie gegeben[1]).

Er zeigt hier, daß der Gesamtwiderstand sich zusammensetzt aus dem sog. „induzierten oder Randwiderstand“, bedingt durch die endliche Länge der Platte oder Profils, und dem „Profilwiderstand“.

Der erstere rührt davon her, daß durch den Flügel eine der Auftriebsrichtung entgegengesetzt gerichtete Bewegung in der Luft zurückbleibt, deren kinetische Energie genau gleich der Arbeit ist, die gegen diesen Widerstand geleistet wird.

Prof. Prandtl gibt folgende Überlegung, die hier eingeführt sei, um einen Überblick über die wichtigsten Grundzüge der hier obwaltenden Verhältnisse zu gewinnen:

„Die Luft, über die der Tragflügel hinweggeschritten ist, hat von ihm einen Antrieb nach unten erfahren, die Teile, an denen er dicht vorbeiging, sind stärker, die, die weiter ab waren, weniger stark in Bewegung gesetzt. Durch das Ausweichen vor den abwärts in Bewegung gesetzten Luftmassen kommen auch Aufwärtsbewegungen vor, und zwar seitlich neben den Flügelenden, wodurch sich in Verbindung mit der Abwärtsbewegung über und unter den Flügeln ein Umkreisen der Flügelenden ergibt, das sich wegen des Beharrungsvermögens der Luft in einem langgestreckten Wirbelsystem über die ganze durchflogene Bahn erstreckt. Die Abwärtsbewegung überwiegt dabei in dieser

---

[1]) S. a. Ergebnisse der Göttinger Aerodynamischen Versuchsanstalt, I. Lieferung, S. 35.

Wirbelstraße die Aufwärtsbewegung ganz wesentlich, wie aus dem Satz von der Bewegungsgröße (Impulssatz) ohne weiteres folgt."

Auf Grund einer längeren theoretischen Abhandlung zeigt Prof. Prandtl, daß bei Annahme „elliptischer" Auftriebsverteilung über die Spannweite, die bei gegebener Spannweite zugleich die ist, die den kleinsten induzierten Widerstand ergibt, letzterer

$$W_i = \frac{A^2}{\pi q b^2} \text{ wird.}$$

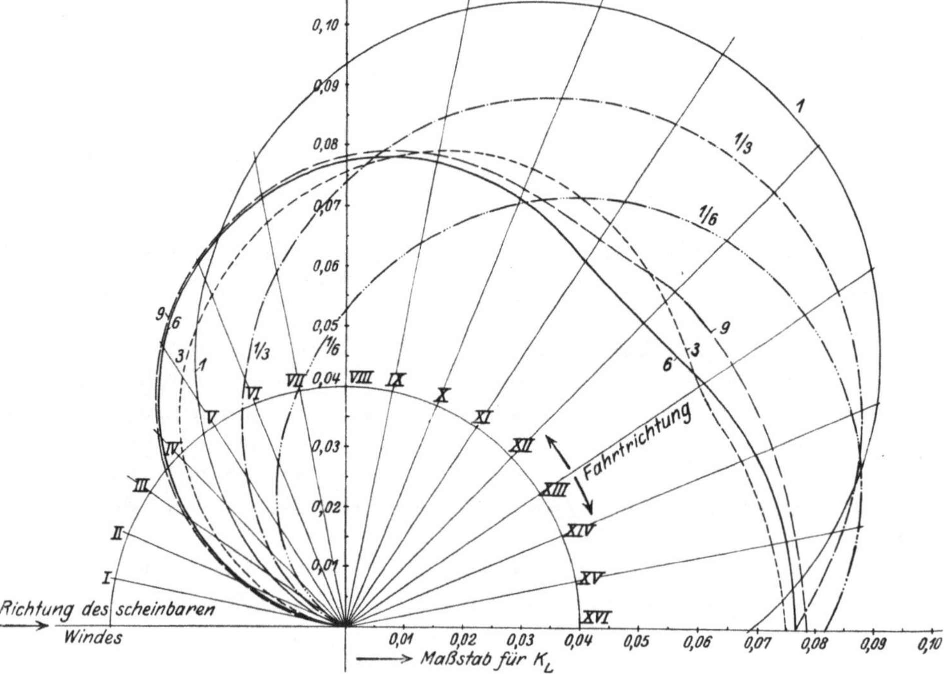

Abb. 8. Kursecke der Platten mit Kreiskrümmung von 1/13. 5 Pfeil und verschiedenem Seitenverhältnis (vgl. Abb. 6).

Dieser Wert stimmt auch für andere von der elliptischen nicht allzusehr abweichende Auftriebsverteilungen von den üblichen Seitenverhältnissen, z. B. für rechteckige Tragflächen, wo die Auftriebsverteilung etwas völliger als die elliptische sein soll, noch recht gut.

Dabei gibt diese Formel für einen Eindecker, der bei dem zu einer gegebenen Fluggeschwindigkeit gehörigen Staudruck q in der Spannweite b den Auftrieb A erzeugen soll, den kleinsten überhaupt möglichen Widerstand an. Durch Einführung der Beziehungen:

$$A = c_a F q \text{ und } W_i = c_{wi} F q$$

ergibt sich
$$c_{wi} = \frac{c_a^2\, F}{\pi\, b^2},$$

was bei rechteckigen Flächen wegen $F = bt$ auf

$$c_{wi} = \frac{c_a^2}{\pi} \cdot \frac{t}{b} \quad \text{führt.}$$

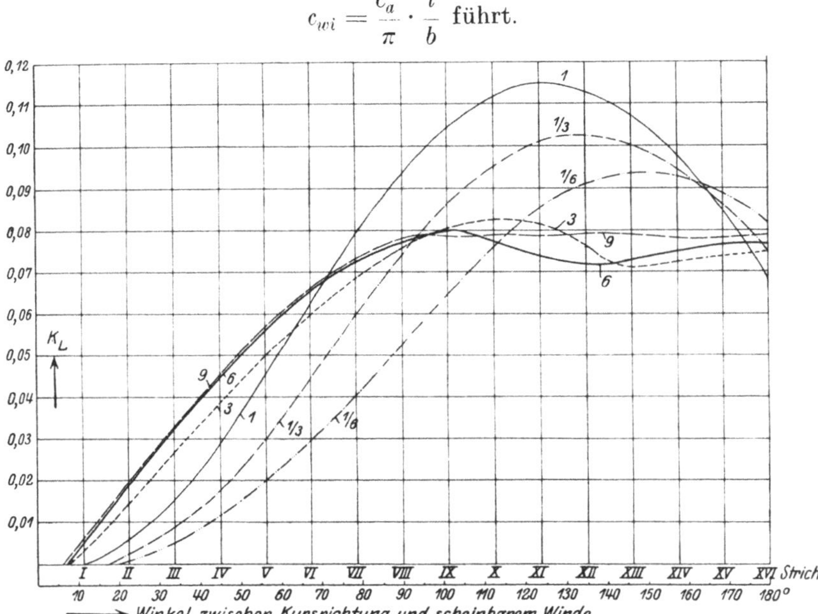

Abb. 9. Platten mit Kreiskrümmung von 1/13. 5 Pfeil und verschiedenem Seitenverhältnis. Kurven der K_L Komponenten in Bewegungsrichtung des Segelfahrzeuges auf den verschiedenen Kursen zum scheinbaren Winde.

Der induzierte Widerstand wird also im Polardiagramm, wo c_a und c_w als rechtwinklige Koordinaten aufgetragen sind, durch eine Parabel wiedergegeben, die nur von dem Verhältnis $\dfrac{F}{b^2}$ abhängt.

„Bildet man die Differenz zwischen dem induzierten Widerstand und dem gemessenen Widerstand, so zeigt sich, daß in dem Bereich von Anstellwinkeln, in dem das Profil gut ist, dieser Restwiderstand besonders bei großen Kennwerten, recht klein ist, und zwar kaum größer als der Reibungswiderstand. Der Vergleich von Messungen an Flügeln von verschiedenem Seitenverhältnis zeigt den Restwiderstand praktisch unabhängig vom Seitenverhältnis, dagegen abhängig von der Profilform. Aus diesem Grunde wird er ‚Profilwiderstand‘ genannt."

Auf dieses Verhalten sind bei dem fast linearen Anstieg des Druckes in den kleinen Anstellwinkelbereichen Umrechnungsformeln aufgebaut worden für Eindecker und auch für Mehrdecker, die eine Umrechnung der Versuchsergebnisse von einem Seitenverhältnis auf ein beliebiges anderes ermöglichen, wobei allerdings noch ein den Anstellwinkel berücksichtigender Zusammenhang zu beachten ist. Doch sei hier nur darauf hingewiesen.

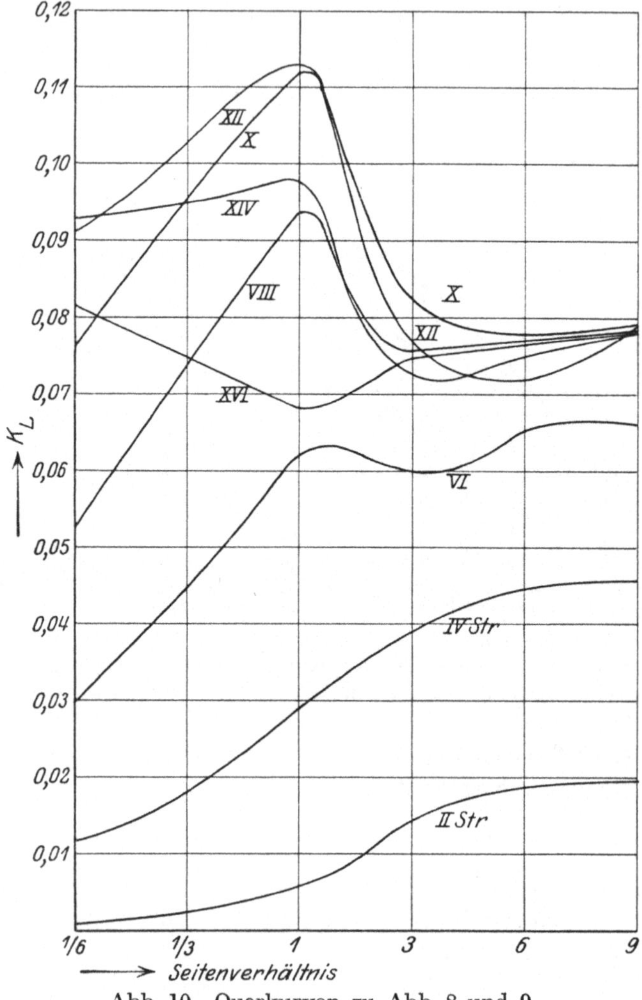

Abb. 10. Querkurven zu Abb. 8 und 9.

In Abb. 8 ist nun entsprechend der früheren Erklärung für die gewölbten Platten mit Kreiskrümmung und $\dfrac{1}{13,5}$ Pfeil das Kurseck gezeichnet, das sich, wie oben gezeigt, durch Ziehen der Tangente senkrecht zur jeweiligen Bewegungsrichtung des Schiffes an das Polardiagramm ergibt. Dieses Diagramm gibt uns, ebenso wie Abb. 9 in der normalen

Darstellung mit rechtwinkligen Koordinaten, den Verlauf der jeweils in Bewegungsrichtung zu erzielenden maximalen Vortriebskomponente der Kräfteresultierenden.

Wir sehen hieraus die Überlegenheit der schmalen Platte mit einem Seitenverhältnis größer als 1 auf den Am-Wind-Kursen bis etwa IV—VI Str. Einfallswinkel des scheinbaren Windes zum Kiel. Am Verlauf der für die einzelnen Striche aufgetragenen Querkurven, Abb. 10 ersieht man, daß über eine Steigerung des Seitenverhältnisses von 1 : 6 in diesem Fahrtbereich eine wesentliche Steigerung der maximalen Vortriebskomponente nicht mehr zu erzielen ist, daß bereits Seitenverhältnisse von 1 : 3—1 : 4 sehr günstige Resultate ergeben. Von ungefähr VI Str. Einfallswinkel des scheinbaren Windes zum Kiele ab ändert sich das Bild, die quadratische Platte wird überlegen von VIII bzw. X Str. ab ergeben die niedrigen Seitenverhältnisse von 1/3—1/6, deren Form Rahsegeln entsprechen würden, ebenfalls größere C_l-Werte als die am Winde so überlegenen schmalen Platten.

Wir gewinnen hier jedenfalls die bedeutsame Erkenntnis, daß es lediglich durch Änderung des Seitenverhältnisses möglich ist, die Kräfteentwicklung auf den verschiedenen Kursen bei Beibehaltung derselben Flächengröße zu beeinflussen. Wir haben hier bereits, unabhängig von der verschiedenen Wölbung der Segel, den Beweis für die Überlegenheit des Gaffelschoners über Rahsegelschiffe bzw. Rennfahrzeuge mit Hochtakelung über normale mit Gaffelsegeln getakelte auf den Am-Wind-Kursen, sehen hier sinnfällig bewiesen die Überlegenheit der Rahsegelschiffe mit ihrer Breitfock bzw. Segeln mit kleineren Seitenverhältnissen auf raumen Kursen. Unter Beibehaltung des heutigen Grundelements der Takelage, des Leinwandsegels, würde hiernach ein Gaffelschoner mit Rahsegeln bzw. Breitfock an einem oder zwei Masten also in der Art der nach dem Kriege erbauten 5-Mast-Vinnenschoner der Germania-Werft für einen Frachtsegler die beste Allround-Lösung darstellen.

b) Wirkung des Segelumrisses.

Der Einfluß von verschiedenen Umrißformen von Tragflügeln auf die Luftkräfte ist ebenfalls in der Göttinger Aerodynamischen Versuchsanstalt untersucht worden (s. Ergebnisse, I. Lieferung, S. 63), wo eine ausführliche Darstellung nachzulesen ist. Die Abmessungen sind aus Abb. 11 ersichtlich. Das Profil (Nr. 389 der Profilmessungen) war bei allen Flächen das gleiche und wurde dort, wo die Flügeltiefe abnimmt, geometrisch ähnlich verkleinert, der Anstellwinkel war über die ganze Spannweite konstant.

Bei einem Segel ist infolge der Zunahme der Windgeschwindigkeit in vertikaler Richtung, wodurch der scheinbare Wind oben achterlicher

als unten einfällt, trotzdem mit annähernd konstantem Einfallswinkel
zu rechnen, da der obere Teil des Segels mehr ausweht als der untere.

Das Ergebnis der Versuche ist kurz zusammengefaßt folgendes:

Der maximale Auftrieb beträgt rund 120 und wird von der Umrißform wenig beeinflußt und immer bei ca. 12—14° Anstellwinkel erreicht.

Bedeutender ist der Einfluß der Umrißform auf den Widerstand.
Wie vorhin schon bemerkt, ist nach der Tragflügeltheorie der induzierte
Widerstand am geringsten für Flächen von elliptischem Umriß, bei denen
allein die elliptische Auftriebsverteilung vorkommt und beträgt hier

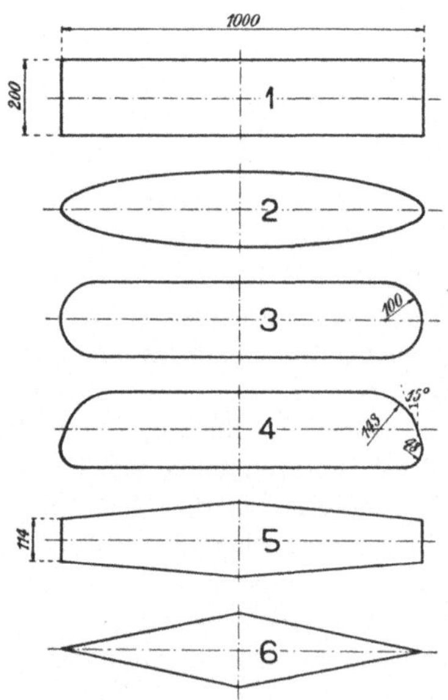

$$W_i = \frac{A^2}{\pi q b^2} \quad \text{bzw.} \quad c_{wi} = \frac{c_a^2 \cdot F}{\pi \cdot b^2}.$$

Bei anderen Umrißformen ergeben sich abweichende Auftriebsverteilungen und damit ein ver-
größerter induzierter Widerstand.
Doch beträgt der Unterschied nach
Dr. Betz, Diss. Göttingen 1919 z. B.
für das Rchteck Form 1 nur etwa 5%
mehr, während Form 3—5 natur-
gemäß noch weniger abweichen.

Umriß 6 ist wesentlich ungün-
stiger, da hier nach Ansicht von Prof.
Prandtl durchaus nicht mehr mit
elliptischer, sondern in roher Annäherung mit parabolischer Auftriebsverteilung zu rechnen ist, wofür die
Widerstandszahl sich zu

Abb. 11. Tragflächen von verschiedenen Umrissformen.

$$c_{wi} = \frac{c_a^2}{\pi} \cdot \frac{F}{b^2} \cdot \frac{9}{8}$$

errechnet, also rund 12% mehr als bei elliptischer Verteilung.

Hiernach ist die übliche Krümmung des Mastes im oberen Ende
bei Hochtakelung durchaus richtig und besser als das ganz spitz geschnittene Hochsegel, das am vollkommen geraden Maste fährt. Eine
wesentliche Abweichung des Profilwiderstandes der verschiedenen Umrißformen 1—6 ist im Bereiche der Meßgenauigkeit jedenfalls nicht zu
erkennen (s. Ergebnisse, I. Lieferung, Abb. 56, S. 67), während Umriß 6
neben dem induzierten Widerstand auch vergrößerten Profilwiderstand
aufweist, was dadurch erklärt wird, daß der Kennwert der Profilschnitte
mit Zunahme der Entfernung aus der Mitte kleiner wird und die Verkleinerung des Kennwertes Zunahme des Profilwiderstandes bedingen
soll. Hierzu ist noch zu bemerken, daß der Profilwiderstand ermittelt

wurde, indem als Widerstandsparabel des induzierten Widerstandes der für jede Fläche charakteristische Wert $\dfrac{F}{b^2}$ eingetragen wurde, der für rechteckigen Umriß bekanntlich gleichwertig mit dem Seitenverhältnis wird. Unter Zugrundelegung elliptischer Auftriebsverteilung hat eine

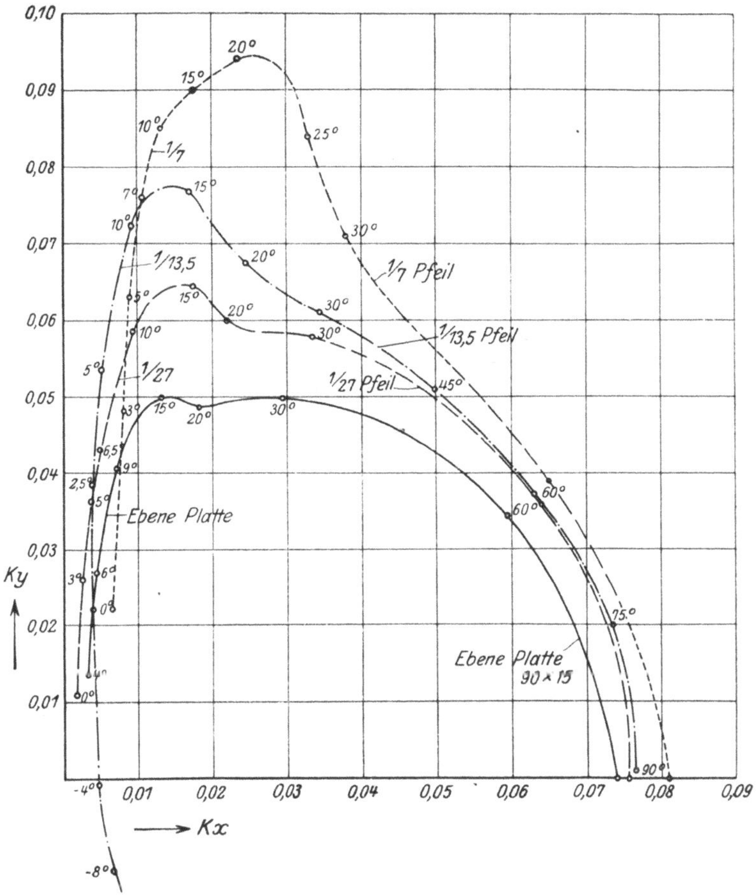

Abb. 12. Polarkurven von Platten verschiedener Wölbung bei gleichem Seitenverhältnis (vgl. G. Eiffel a. a. O.).

Fläche beliebiger Grundrißform denselben induzierten Widerstand wie eine rechteckige Fläche von gleicher Spannweite und gleicher mittlerer Flächentiefe.

Das Ergebnis der Messungen in Übereinstimmung mit den theoretischen Ergebnissen ist, daß vom rein aerodynamischen Standpunkt die Umrißformen am günstigsten sind, deren Auftriebsverteilung von der elliptischen nicht allzusehr abweicht, also Flächen elliptischen bis rechteckigen Umrisses.

c) Einfluß der Wölbung und ihrer Lage.

Wir sahen, wie in der Entwicklung des Segelschiffbaues die Anschauung über die Wirkungsweise flach oder bauchig geschnittener Segel mannigfach wechselte. Um den Einfluß der Wölbung festzustellen, sind nach den Versuchen Eiffels die Messungsergebnisse einer ebenen Platte von 90 · 15 cm und von Flächen gleicher Abmessung mit Kreiswölbung von 1/27, 1/13,5 und 1/7 Pfeil dargestellt. Die Polardiagramme (Abb. 12) lassen die Besonderheiten der Wölbung erkennen und zeigen,

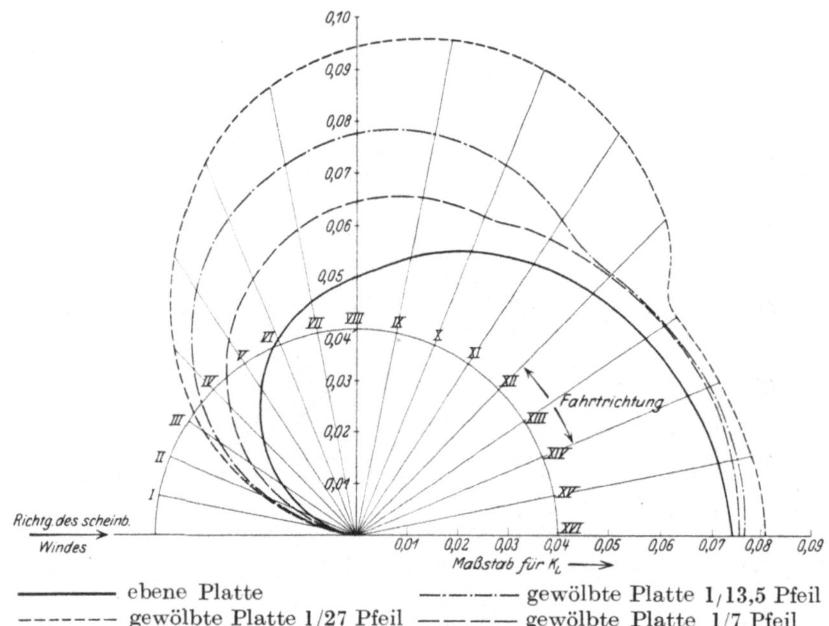

─────── ebene Platte   ──·──·── gewölbte Platte 1/13,5 Pfeil
──────── gewölbte Platte 1/27 Pfeil   ───── gewölbte Platte 1/7 Pfeil

Abb. 13. Kursecke der Platten verschiedener Wölbung (vgl. Abb. 12).

daß mit Zunahme der Wölbung zugleich eine Auftriebsvermehrung verbunden ist, wobei der Höchstwert um so größer wird, je stärker die Krümmung ist. Allerdings findet gleichzeitig mit der Zunahme der Wölbung eine, wenn auch relativ geringere Widerstandsvermehrung statt. Abb. 13 gibt das Kurseck hierzu. Die ζ_L-Werte entsprechender von Föppl angestellter Messungen an Platten von 20 · 80 cm mit verschiedener Wölbung (Pfeil 0,33—2,49 cm) zeigt Abb. 14. Die Diagramme zeigen, daß ein erstes Druckmaximum durchweg schon bei 15° Anstellwinkel erreicht wird für die weniger stark gekrümmten Platten, das sich mit Zunahme der Wölbung auf ungefähr 20° verschiebt. Als günstigste Wölbung ergibt sich hiernach für unsere Zwecke aus Abb. 15, die die Querkurven zu den Messungen Föppls mit Platten verschiedener Wölbung zeigt, diejenige von rund 1/8—1/10 Pfeil, während bei

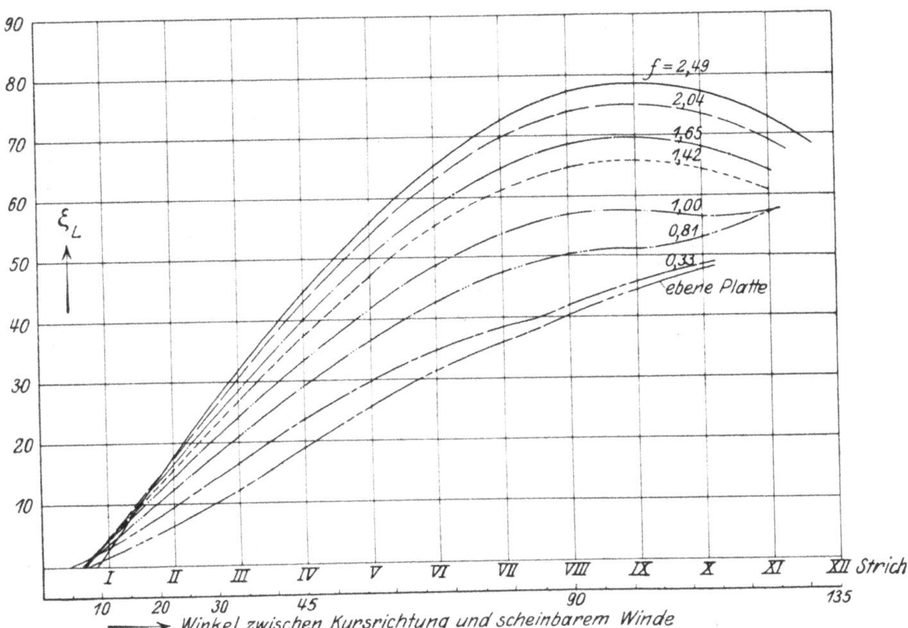

Abb. 14. Kurven der ζ_L Komponenten in Bewegungsrichtung des Segelfahrzeuges auf den verschiedenen Kursen zum scheinbaren Winde nach Messungen Föppls an 8 Platten 20×80 cm verschiedener Wölbung (vgl. Jahrbuch der Motorluftschiffstudiengesellschaft 1910/11 S. 98—101).

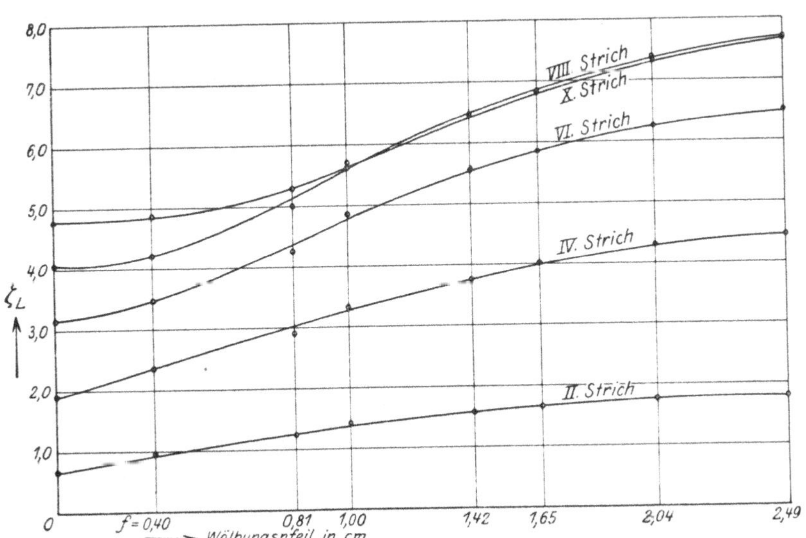

Abb. 15. Querkurven zu Abb. 14.

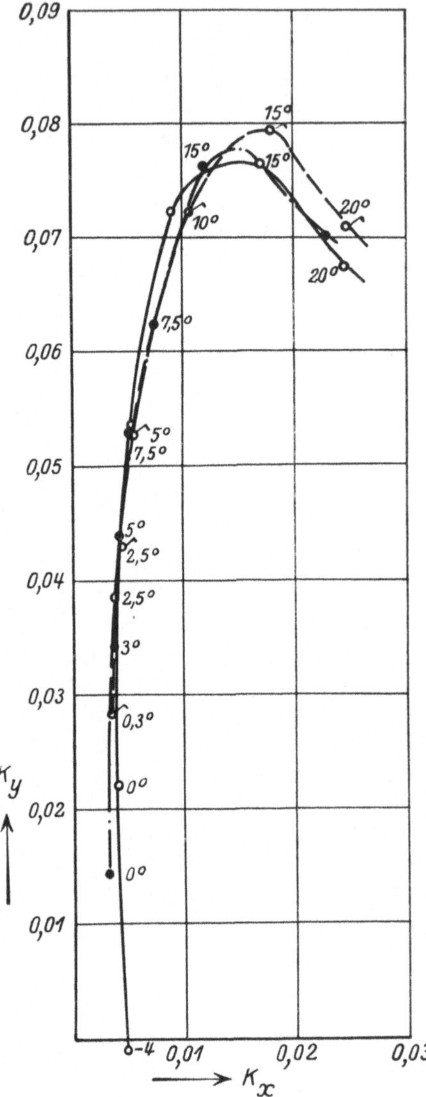

Abb. 16. Polarkurven (vgl. G. Eiffel a. a. O.).

——————— des Flügels mit Kreiswölbung von 1/13,5 Pfeil.

—·—·—·— des Flügels vorn gekrümmt, hinten eben.

———————— des Flügels vorn eben, hinten gekrümmt.

einer Wölbung über dieses Maß hinaus die Widerstandswerte verhältnismäßig schneller anwachsen, das Fahrzeug weniger hoch am Winde liegen kann.

Die Lage des Wölbungspfeils in der Flächentiefe scheint, wie Abb. 16 zeigt, von geringerem Einfluß zu sein. Es sind hier nach Eiffel die Polardiagramme der kreisgewölbten Platte von 1/13,5 Pfeil und zweier Platten aufgetragen, von denen die eine vorn gekrümmt und hinten eben und die andere vorn eben und hinten gekrümmt ist, wobei die Höhe der Wölbung auch ungefähr $1/13,5\,t$ beträgt.

Wie die Abbildung zeigt, fallen die Polardiagramme fast zusammen, so daß mehr das absolute Maß der Wölbung als die Lage des Wölbungsscheitels bestimmend für die Größe der Auftriebswerte zu sein scheint. Nur eine Verschiebung der Anstellwinkel auf der Kurve ist zu beobachten, was ja auch durch die einmal vergrößerte und einmal verkleinerte Neigung der Eintrittskante zu erklären ist.

Welch wertvolle Dienste uns die Darstellung der Messungsergebnisse in der Polarkurve leistet, dürfte inzwischen anschaulich geworden sein. Man stellt so in einer einzigen Kurve die fünf zusammengehörigen Werte C_r, C_a, C_w, den Anstellwinkel α

und den Neigungswinkel der Resultierenden zur Auftriebrichtung dar und kann daraus sofort die größtmögliche Komponente in der jeweiligen Bewegungsrichtung und gleichzeitig den zugehörigen günstigsten Anstellwinkel des Segels ermitteln.

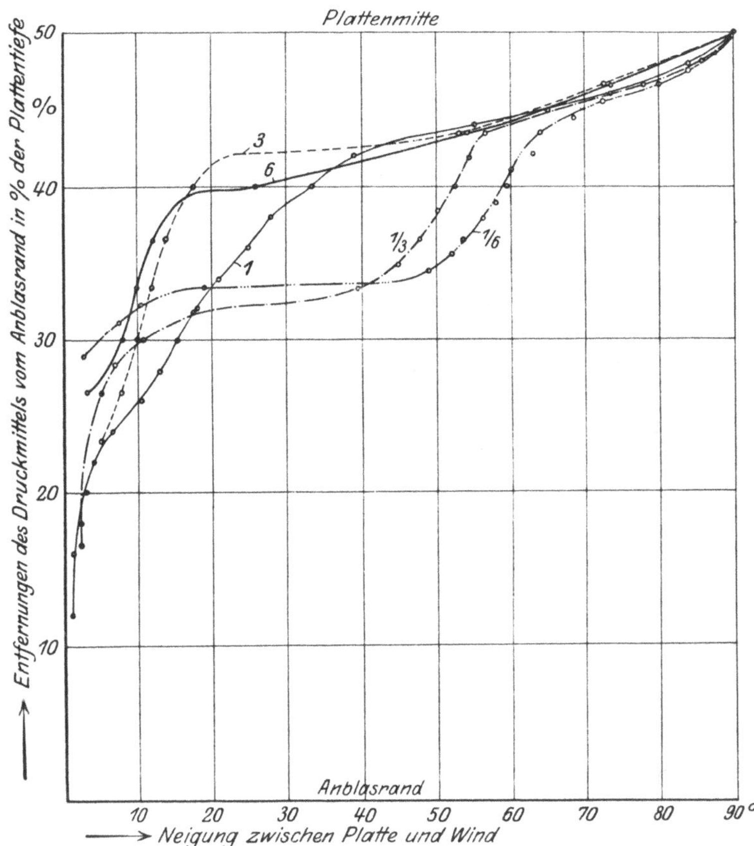

Abb. 17. Lagen der Druckmittelpunkte auf ebenen rechteckigen Platten von verschiedenem Seitenverhältnis (vgl. Abb. 5).

d) Die Druckmittelpunktswanderung.

Zur Vervollständigung der bisherigen Versuche wäre nur noch einiges über die Lage des Angriffspunktes der Resultierenden, den Druckmittelpunkt, zu sagen.

In den Abb. 17—20 sind ihre Lagen nach den vorher schon erörterten Eiffelschen Messungen angegeben, da die Göttinger Messungen leider nicht bis 90° reichen. Abb. 17 zeigt die Lage der Druckmittelpunkte der ebenen Rechtecke verschiedenen Seitenverhältnisses. Wir sehen, daß der Druckmittelpunkt mit wachsender Neigung der Platte zum Winde vom Anblasrand her ganz verschiedenartig nach hinten wandert, um sich bei 90° Neigung bis zur Plattenmitte zu verschieben.

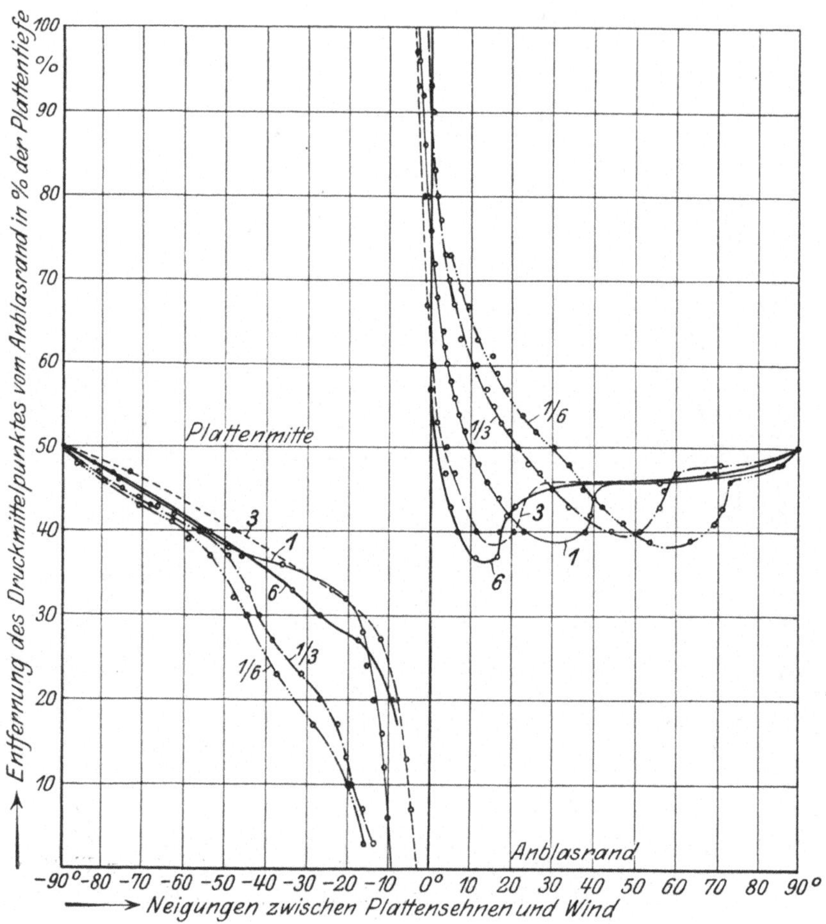

Abb. 18. Lagen der Druckmittelpunkte auf Platten mit Kreiswölbung von 1/13,5 Pfeil und verschiedenem Seitenverhältnis (vgl. Abb. 6).

Eine Sonderstellung nimmt wieder die quadratische Platte ein, doch kann man im allgemeinen wohl sagen, daß ein inniger Zusammenhang besteht zwischen der Art der Zunahme der Auftriebs- und Widerstandsbeiwerte und der Wanderung des Druckmittelpunktes. Man sieht, daß entsprechend der schnellen Zunahme der Auftriebswerte der Platte mit einem Seitenverhältnis 1:3 bzw. 1:6 (Abb. 5) der Druckpunkt zunächst schnell vom Anblasrand fort bis auf 40% der Plattentiefe wandert, und dann von 15 bzw. 20° ab, d. h. der Stelle des Auftriebsmaximums, wo der Strömungsumschlag erfolgt und eine relativ größere Zunahme der Widerstandswerte eintritt, erheblich langsamer sich der Plattenmitte bei 90° nähert.

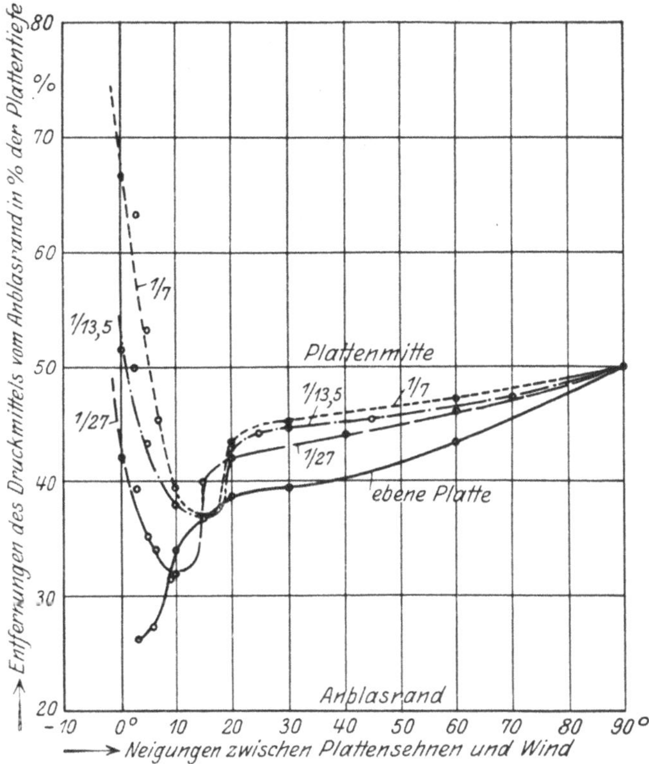

Abb. 19. Lagen der Druckmittelpunkte auf Platten 90 cm × 15 cm verschiedener Wölbung (vgl. Abb. 12).

Entsprechend der ganz anderen Tendenz des Polardiagramms der Platte mit einem Seitenverhältnis 1/3 bzw. 1/6 ist hier auch die Druckpunktswanderung andersartig. Analog der kleineren Gleitzahl dieser Kurve in den kleinen Anstellwinkelbereichen hält sich der Druckpunkt hier, nachdem er vom Anblasrand schnell auf ungefahr 33% der Plattentiefe gewandert ist, lange Zeit verhältnismäßig konstant, um von ca. 45 bzw. 50° ab, d. h. wiederum der Stelle des größten Auftriebsmaximums, sich schneller der Plattenmitte zu nähern.

Die quadratische Platte zeigt einen weniger regelmäßigen, zwischen beiden liegenden Verlauf der Druckpunktskurve, der aber ebenfalls analog dem Verlauf der Polarkurve geht.

Abb. 18 gibt den Druckpunktsverlauf für gewölbte Platten von $\frac{1}{13,5}$ Pfeil und verschiedenem Seitenverhältnis, indem wieder über den Anstellwinkeln als Abszissen die Entfernung der Druckmittelpunkte vom Anblasrand in Prozent der Plattentiefe als Ordinaten gegeben ist. Im Gegensatz zur ebenen Platte sehen wir hier bei kleinen positiven Anstellwinkeln ein Wandern des Druckpunktes von der Luftaustrittskante her nach vorn bis auf ungefähr 37—39% der Plattentiefe, worauf dann ebenfalls wieder vom Winkel des Auftriebsmaximums ab eine Wanderung rückwärts bis zur Plattenmitte bei 90° einsetzt. Bei negativen Anstellwinkeln zeigt sich die umgekehrte Tendenz. Dies mag damit zusammenhängen, daß bei der gekrümmten Platte bei kleinen positiven Anstellwinkeln die Neigung der Fläche zum Wind mit zunehmender Tiefe wächst und damit eine Zunahme des Drucks nach dem Austrittsrande zu bewirkt, und demgemäß eine Verlagerung des Druckschwerpunktes nach hinten. Bei negativen Anstellwinkeln der gewölbten Platte ist sinngemäß dieselbe Tendenz in umgekehrter Folge vorhanden.

Abb. 19 (s. Eiffel, S. 145—146) gibt, ausgehend von der ebenen Platte, den relativen Vergleich der Druckpunktswanderung unter dem Einfluß der Wölbung. Zunächst ist wiederum die Analogie mit dem Verlauf der Polarkurve und der Zusammenhang zwischen Auftriebsmaximum, Strömungsumschlag und Art der Druckpunktswanderung festzustellen und dann ist allgemein wohl zu sagen, daß mit einer Zunahme der Wölbung eine zunehmende Verlagerung des Druckpunktes nach der Mitte der Platte bzw. der Stelle der größten Wölbung verbunden ist.

e) Gewölbte Platten mit Rundstab an der Vorderkante.

Um den Einfluß der Form und Anordnung des Mastes am Segel zu studieren, ließ mir im Zusammenhang mit anderen Versuchen mit gewölbten Platten verschiedener Verdickung an der Vorderkante Herr Prof. Prandtl freundlicherweise einige Versuche mit gewölbten Platten mit vorgesetztem Rundstab verschiedener Größe und Anordnung nach Abb. 20 anstellen, wofür ich auch hier nochmals meinen Dank aussprechen möchte.

Den Ausgang bildeten eine kreisförmig gewölbte Fläche 568a und i von einer Pfeilhöhe $= 1/10$ der Tiefe, einmal mit vorn zugeschärften und einmal mit vorn abgerundeten Kanten.

Die Messungen wurden in normaler Weise bei 30 m/sek Windgeschwindigkeit ausgeführt. Als Tiefe wurde immer die Länge der Sehne genommen (Sehne = Lineal, das von unten her an die Fläche angelegt wird).

Auch die Anstellwinkel sind auf diese Sehne bezogen, ebenso sind die Momente in der in Göttingen üblichen Art berechnet.

Die Versuchsergebnisse der einfachen vorne zugeschärften und leicht abgerundeten gewölbten Flächen unterscheiden sich kaum sowohl

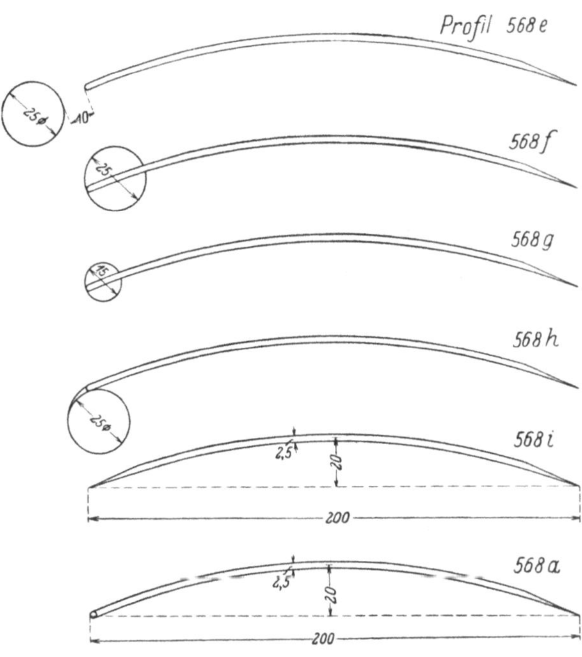

Abb. 20. Platten mit Kreiswölbung von 1/10 Pfeil
und Rundstab an der Vorderkante.

in ihren minimalen Widerstandsbeiwerten und Gleitzahlen, wie auch im Auftriebsmaximum.

Wie verheerend jedoch der Rundstab an der Vorderkante wirkt, geht klar aus der Zusammenstellung der Polarkurven der anderen Modelle hervor (s. Abb. 21).

Schon der kleine Rundstab von 15 mm, Modell 568g, bewirkt eine Verminderung des Auftriebsmaximums um 18% bei gleichzeitiger erheblicher Widerstandsvermehrung, während Modell 568e und f sogar nur ~ 2/3 des Auftriebsmaximums der einfachen gewölbten Platten erreichen.

Scheinbar ist es nach diesem Versuch, wo einmal der Rundstab
direkt an die Platte anschließt, das andere Mal einen Spalt von 10 mm
zwischen Rundstab und Fläche frei ließ, für die Am-Wind-Fahrt
günstiger, das Segel möglichst dicht am Mast anzureihen, denn Profil
568e hat in dem für die Am-Wind-Fahrt in Frage kommenden Anstellwinkelbereich bedeutend größere Widerstandsbeiwerte.

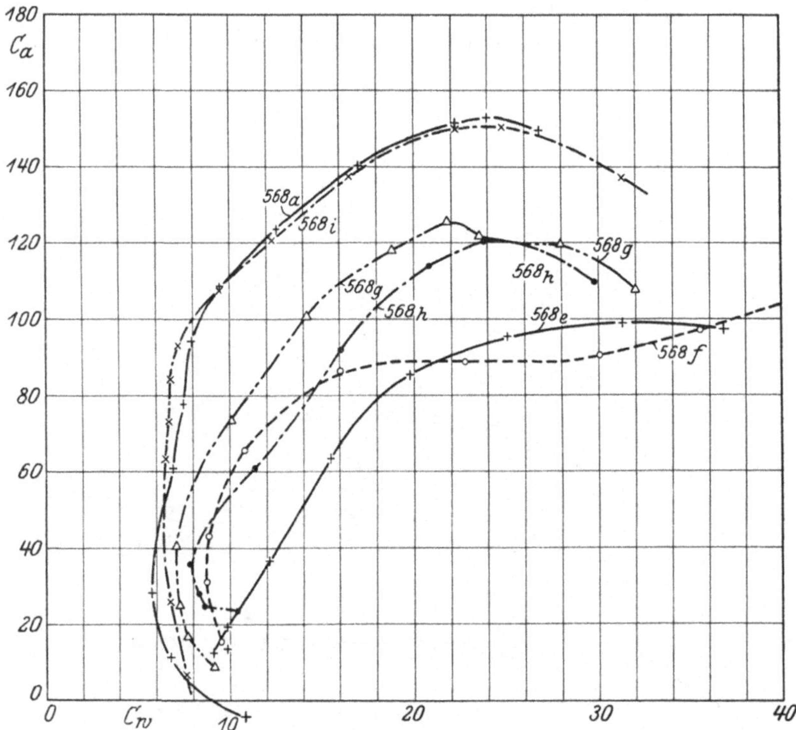

Abb. 21. Zusammenstellung der Polarkurven der Platten mit Kreiswölbung von 1/10 Pfeil und Rundstab an der Vorderkante.

In diesem Falle trat also keine Spaltwirkung ein, die das Unterdruckgebiet speisen und die Auftriebswirkung vermehren konnte,
sondern der Rundstab wirkte als reiner Widerstandskörper.

Ein relativ hohes Auftriebsmaximum erreicht noch die Anordnung
568h, wo der Rundstab unter der Vorderkante der gewölbten Fläche
befestigt ist und hierdurch ein glatter Verlauf der Unterdruckseite
erzielt wird. Dies beweist hiermit, daß gerade die Ausbildung der
Unterdruckseite das Ausschlaggebende für Erreichung hoher Auftriebswerte ist, allerdings fällt auch hier die erhebliche Widerstandsvermehrung
und Verschlechterung der Gleitzahlen gegenüber der einfach gewölbten
Platte ins Auge.

Die Versuche haben jedenfalls durchweg gezeigt, daß der Mast in Form eines zylindrischen Körpers an der Vorkante des Segels nicht nur die Erreichung eines hohen Auftriebsmaximums beeinträchtigt, sondern durch Erhöhung des Widerstandes auch die Am-Wind-Eigenschaften verschlechtert.

Die ausführlichen Versuchsberichte und Polardiagramme der einzelnen Modelle geben die folgenden Tabellen und Abb. 22—27 in der üblichen Göttinger Darstellungsart.

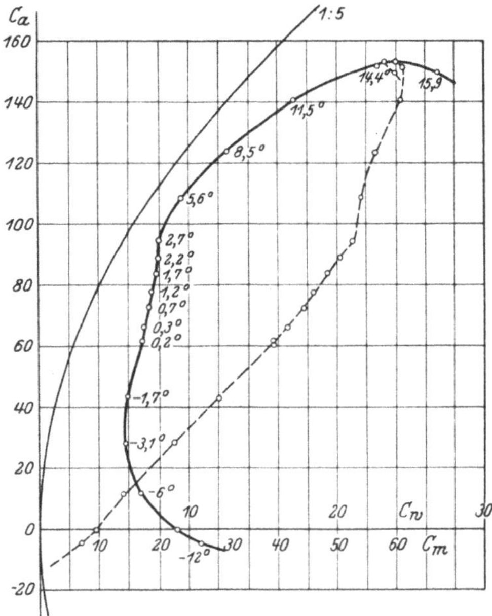

Abb. 22. Profil Nr. 568a Polarkurve:
C_a als Funktion von C_m und C_w.

Tabellenblatt zu Abb. 22.
Art des Modells: Tragflügel.
Profil-Nr. 568a; mittlere Spannweite 100 cm; mittlere Tiefe 20,18 cm.
Gesamtfläche $= 2018$ cm^2. Staudruck $q = 57{,}2$ kg/m^2.

Anstellwinkel	Auftriebskraft A	Widerstandskraft W	Auftriebszahl	Widerstandszahl	Normalkraftzahl	Tangentialkraftzahl	Momentenzahl	Gleitzahl
Grad	kg	kg	C_a	C_w	C_n	C_t	C_m	A/W
Kreisbogenprofil.								
— 1,7	4,982	0,689	43,2	5,98	43,1	7,3	30,1	7,2
0,3	7,618	0,805	66,1	6,98	66,2	6,6	41,5	9,5
0,7	8,325	0,840	72,2	7,28	72,3	6,4	44,4	9,9
1,7	9,625	0,898	83,5	7,79	83,8	5,3	48,2	10,7
2,2	10,230	0,912	88,7	7,90	89,1	4,5	50,3	11,2
12	0,488	1,240	4,2	10,8	— 6,4	9,7	7,0	— 0,4
— 9	— 0,060	1,064	— 0,5	9,25	— 2,0	9,1	9,5	— 0,1
— 6	1,352	0,784	11,7	6,80	11,0	8,0	14,2	1,7
— 3,1	3,235	0,661	28,1	5,74	27,8	7,3	22,5	4,9
— 0,2	6,985	0,791	60,6	6,86	60,6	6,7	39,3	8,8
— 0,2	7,052	0,794	61,3	6,89	61,2	7,1	39,2	8,9
1,2	8,958	0,862	77,8	7,48	77,9	5,9	46,0	10,4
2,7	10,845	0,918	94,1	7,97	94,5	3,5	52,5	11,8
5,6	12,530	1,097	108,7	9,53	109,1	— 1,1	54,0	11,4
8,5	14,255	1,453	123,7	12,6	124,2	— 5,8	56,5	9,8
11,5	16,158	1,966	140,1	17,1	140,9	— 11,2	60,7	8,2
14,4	17,450	2,611	151,4	22,7	152,3	— 15,7	61,0	6,7
14,9	17,632	2,765	153,0	24,0	154,0	— 16,1	58,5	6,4
15,9	17,218	3,086	149,6	26,8	151,2	— 15,2	59,8	5,6

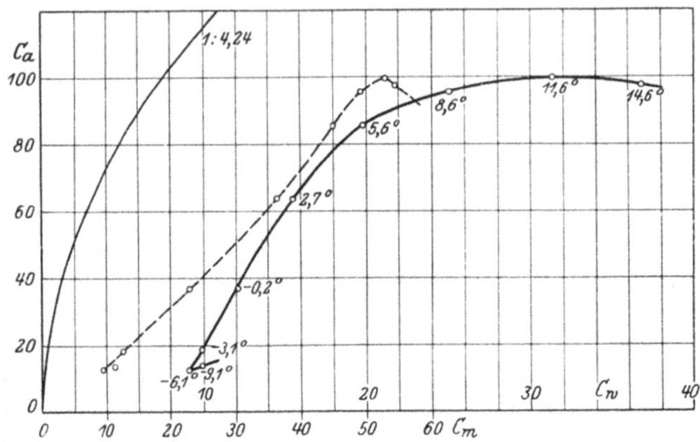

Abb. 23. Profil Nr. 568e Polarkurve: C_a als Funktion von C_m und C_w.

Tabellenblatt zu Abb. 23.

Art des Modells: Tragflügel.

Profil-Nr. 568e; mittlere Spannweite 100,1 cm; mittlere Tiefe 23,6 cm.
Gesamtfläche = 2362,36 cm². Staudruck $q = 56{,}2$ kg/m².

Anstell-winkel	Auftriebs-kraft A	Wider-stands-kraft W	Auftriebs-zahl	Wider-stands-zahl	Normal-kraftzahl	Tangen-tialkraft-zahl	Momen-tenzahl	Gleitzahl
Grad	kg	kg	C_a	C_w	C_n	C_t	C_m	A/W

Kreisbogenprofil mit Rundstab von 25 mm Durchmesser vor der Flügel-vorderkante, dazwischen ein Spalt von 10 mm.

— 9,1	1,852	1,311	13,9	9,88	12,2	11,9	11,2	1,4
— 6,1	1,695	1,207	12,8	9,09	11,7	10,4	9,5	1,4
— 3,1	2,468	1,310	18,6	9,86	18,0	10,9	12,7	1,9
— 0,2	4,878	1,602	36,8	12,1	36,7	12,2	22,7	3,0
2,7	8,420	2,055	63,5	15,5	64,2	12,5	36,3	4,1
5,6	11,355	2,623	85,5	19,8	87,0	11,3	44,9	4,3
8,6	12,628	3,328	95,2	25,1	97,9	10,6	49,2	3,8
11,6	13,130	4,155	99,0	31,3	103,1	10,8	52,9	3,2
14,6	12,992	4,883	97,7	36,8	103,7	10,9	54,5	2,7

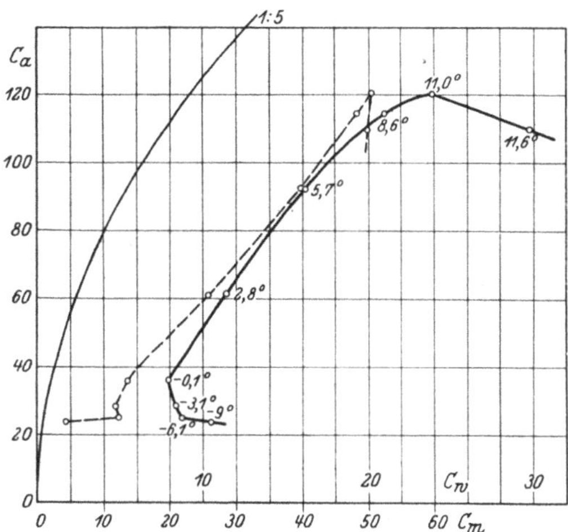

Abb. 24. Profil Nr. 568h Polarkurve: C_a als Funktion von C_m und C_w.

Tabellenblatt zu Abb. 24.

Art des Modells: Tragflügel.

Profil-Nr. 568 h;   mittlere Spannweite 100,1 cm;   mittlere Tiefe 20,8 cm.

Gesamtfläche = 2082,08 cm². Staudruck $q = 56,2$ kg/m².

Anstell-winkel	Auftriebs-kraft A	Wider-stands-kraft W	Auftriebs-zahl	Wider-stands-zahl	Normal-kraftzahl	Tangen-tialkraft-zahl	Momen-tenzahl	Gleitzahl
Grad	kg	kg	C_a	C_w	C_n	C_t	C_m	A/W

Kreisbogenprofil, unter der Flügelvorderkante ein Rundstab
von 25 mm Durchmesser.

9,1	2,735	1,218	23,4	10,4	21,5	14,0	4,2	2,2
— 6,1	2,908	1,007	24,9	8,61	23,8	11,2	12,1	2,9
— 3,1	3,280	0,975	28,1	8,34	27,6	9,9	11,6	3,4
— 0,1	4,202	0,917	35,9	7,84	36,0	7,9	13,6	4,6
2,8	7,135	1,329	61,0	11,4	61,5	8,4	25,4	5,4
5,7	10,770	1,888	92,1	16,1	93,5	6,9	39,6	5,7
8,6	13,375	2,449	114,3	20,9	116,0	3,6	48,2	5,5
11,0	14,062	2,784	120,2	23,8	122,5	0,5	50,3	5,1
11,6	12,818	3,485	109,7	29,8	113,3	7,1	49,8	3,7

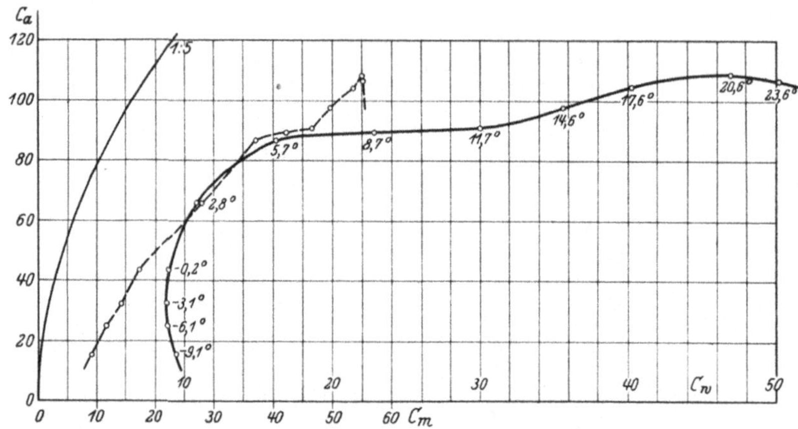

Abb. 25. Profil Nr. 568f Polarkurve: C_a als Funktion von C_m und C_w.

Tabellenblatt zu Abb. 25.

Art des Modells: Tragflügel.

Profil-Nr. 568 f; mittlere Spannweite 100,1 cm; mittlere Tiefe 20,1 cm.
Gesamtfläche $= 2012{,}01$ cm². Staudruck $q = 56{,}1$ kg/m².

Anstell-winkel	Auftriebs-kraft A	Wider-stands-kraft W	Auftriebs-zahl	Wider-stands-zahl	Normal-kraftzahl	Tangen-tialkraft-zahl	Momen-tenzahl	Gleitzahl
Grad	kg	kg	C_a	C_w	C_n	C_t	C_m	A/W

Kreisbogenprofil, an der Flügelvorderkante ein Rundstab von 25 mm Durchmesser.

— 9,1	1,735	1,067	15,4	9,45	13,7	11,8	9,2	1,6
— 6,1	2,822	0,993	25,0	8,80	23,9	11,4	11,6	2,8
— 3,1	3,620	0,991	32,1	8,78	31,6	10,5	14,1	3,7
— 0,2	4,875	0,999	43,2	8,85	43,1	9,0	17,2	4,9
2,8	7,435	1,219	65,8	10,8	66,3	7,6	27,8	6,1
5,7	9,752	1,814	86,5	16,1	87,5	7,4	36,9	5,4
8,7	10,058	2,570	89,0	22,8	91,5	9,0	42,2	3,9
11,7	10,232	3,388	90,7	30,0	90,5	11,1	46,3	3,0
14,6	10,975	4,024	97,2	35,6	103,0	10,0	49,5	2,7
17,6	11,765	4,529	104,1	40,2	111,2	6,7	53,3	2,6
20,6	12,242	5,298	108,4	46,9	118,0	5,7	54,9	2,3
23,6	11,985	5,711	106,0	50,6	117,5	3,8	55,0	2,1

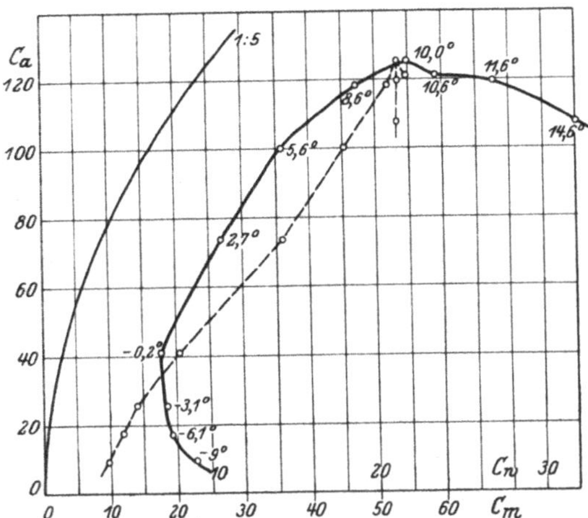

Abb. 26. Profil Nr. 568g Polarkurve: C_a als Funktion von C_m und C_w.

Tabellenblatt zu Abb. 26.

Art des Modells: Tragflügel.

Profil-Nr. 568g; mittlere Spannweite 100,1 cm; mittlere Tiefe 20,1 cm.

Gesamtfläche $= 2012,01$ cm². Staudruck $q = 57,4$ und $55,9$ kg/m².

Anstell-winkel	Auftriebs-kraft A	Wider-stands-kraft W	Auftriebs-zahl	Wider-stands-zahl	Normal-kraftzahl	Tangen-tialkraft-zahl	Momen-tenzahl	Gleitzahl
Grad	kg	kg	C_a	C_w	C_n	C_t	C_m	A/W

Kreisbogenprofil, an der Flügelvorderkante ein Rundstab von 15 mm Durchmesser.

— 9	1,088	1,056	9,4	9,14	7,8	10,5	9,8	1,0
— 6,1	1,968	0,888	17,0	7,69	16,1	9,5	11,9	2,2
3,1	2,030	0,812	25,3	7,29	25,0	8,7	14,1	3,5
— 0,2	4,735	0,810	41,0	7,01	41,0	7,2	20,3	5,9
2,7	8,520	1,240	73,7	10,7	74,3	7,3	35,9	6,9
5,6	11,265	1,593	100,1	14,2	101,0	4,3	45,0	7,1
8,6	13,300	2,109	118,2	18,8	119,8	0,9	51,5	6,3
10,0	14,120	2,453	125,6	21,8	127,5	— 0,3	53,0	5,8
10,6	13,648	2,640	121,3	23,5	123,4	0,8	54,2	5,2
11,6	13,478	3,024	119,8	26,9	123,0	2,2	53,3	4,5
14,6	12,115	3,594	107,9	32,0	112,3	3,7	53,0	3,4

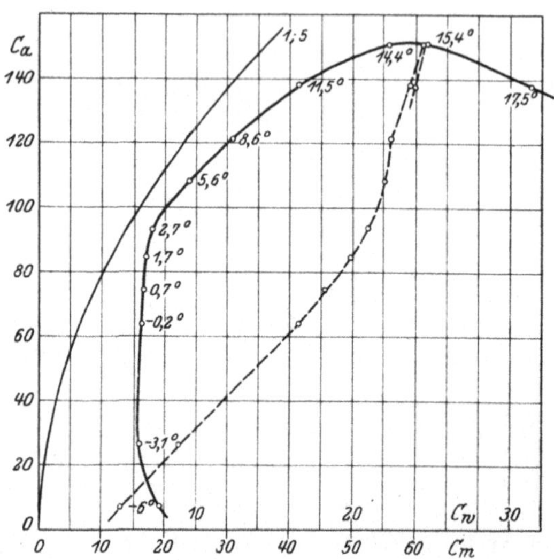

Abb. 27. Profil Nr. 568i Polarkurve: C_a als Funktion von C_m und C_w.

Tabellenblatt zu Abb. 27.
Art des Modells: Tragflügel.

Profil-Nr. 568i; mittlere Spannweite 100,1 cm; mittlere Tiefe 20,2 cm.

Gesamtfläche = 2022 cm². Staudruck $q = 56{,}3$ kg/m².

Anstell-winkel	Auftriebs-kraft A	Wider-stands-kraft W	Auftriebs-zahl	Wider-stands-zahl	Normal-kraftzahl	Tangen-tialkraft-zahl	Momen-tenzahl	Gleitzahl
Grad	kg	kg	C_a	C_w	C_n	C_t	C_m	A/W
Kreisbogenprofil, Vorderkante zugeschärft.								
— 6	0,800	0,866	7,0	7,61	6,2	8,3	12,8	0,9
— 3,1	2,972	0,725	26,1	6,37	25,7	7,8	22,2	4,1
— 0,2	7,228	0,740	63,5	6,50	63,5	6,7	41,2	9,8
0,7	8,445	0,757	74,1	6,65	74,3	5,7	45,7	11,1
1,7	9,620	0,775	84,5	6,80	84,6	4,3	49,7	12,4
2,7	10,585	0,815	93,0	7,16	93,3	2,8	52,3	13,0
5,6	12,285	1,072	107,9	9,43	108,2	— 1,2	55,2	11,4
8,6	13,785	1,399	121,0	12,3	121,5	— 6,0	56,1	9,9
11,5	15,675	1,878	137,7	16,5	138,1	— 11,3	59,3	8,4
14,4	17,075	2,544	150,0	22,3	150,5	— 15,7	69,2	6,7
15,4	17,180	2,827	150,8	24,8	152,1	— 16,2	61,5	6,1
17,5	15,632	3,568	137,3	31,3	140,2	— 11,4	59,8	4,4

III. Versuche mit Segelmodellen bis zum vollständig getakelten Modell einer Schonerbrigg.

Da das Segel am Mast befestigt mit Baum und Gaffel nicht eine starre kreisgewölbte Platte darstellt, sondern ihre nach Stärke und Richtung des Windes veränderliche Wölbung erst durch den Wind-druck erhält, Größe und Verlauf der Kräfte also nicht unbedingt mit denen der starren Platte gleicher Wölbung übereinzustimmen braucht, auch keine gerade ungestörte Ein-trittskante vorhanden ist, wurden von mir im Auftrage der Flettner-Gesellschaft in der Göttinger Aerodynamischen Versuchsanstalt Versuche mit Segelmodellen angestellt, deren Ergebnisse mir freundlicherweise von Herrn Direktor Anton Flettner für diese Arbeit zur Verfügung gestellt wurden, wofür ich ihm auch an dieser Stelle meinen Dank aussprechen möchte, und zwar zunächst im Anschluß an andere Versuche ein Versuch mit einem Modell, wie es Abb. 28 zeigt. Wegen der Kürze der damals zur Verfügung stehenden Zeit wurde einfach ein rechteckiges Stück Leinwand von der in obiger Abbildung dargestellten Form ge-nommen und bis ~ 50° durchgemessen, was ohne Umhängung möglich war. Nach dem Tabellenblatt gibt Abb. 29 die Versuchsergeb-

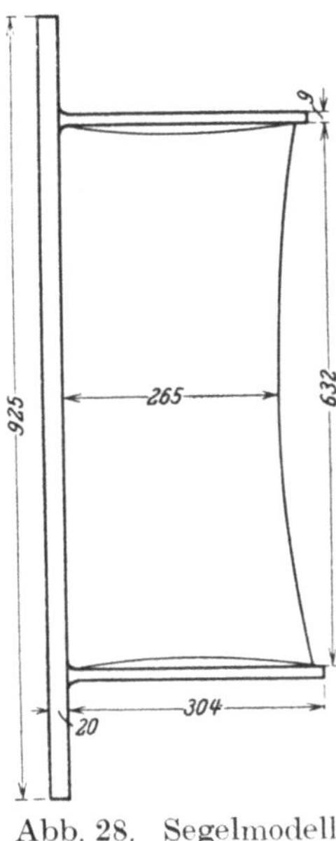

Abb. 28. Segelmodell Nr. 1719

nisse in der üblichen Darstellung des Göttinger Polardiagramms C_a als Funktion C_m und C_w.

Abb. 30 zeigt den Verlauf der C_a-, C_w- und C_m-Werte über den Anstellwinkeln, der in allen drei Fällen in dem gemessenen Bereich sehr kontinuierlich ist; bezogen auf die reine Segelfläche beträgt der erreichte

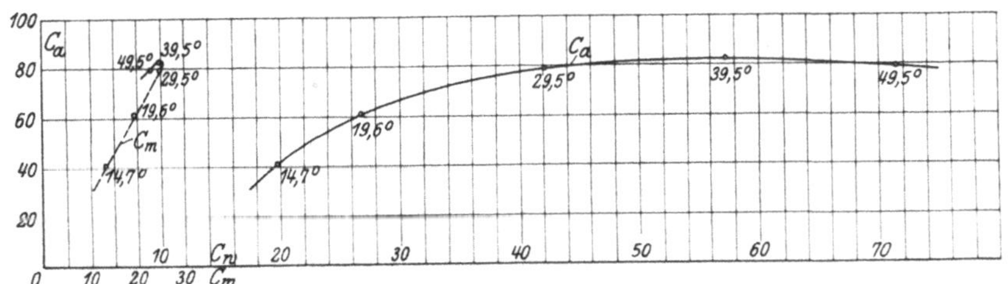

Abb. 29. Segelmodell Nr. 1719. Polarkurve: C_a als Funktion von C_m und C_w.

Tabellenblatt zu Abb. 29.

Art des Modells: Segel.

Profil-Nr. 1719; mittlere Spannweite 65 cm; mittlere Tiefe 30 cm.

Gesamtfläche = 1950 cm². Staudruck $q = 57{,}4$ kg/m².

Anstell-winkel	Auftriebs-kraft A	Wider-stands-kraft W	Auftriebs-zahl	Wider-stands-zahl	Normal-kraftzahl	Tangen-tialkraft-zahl	Momen-tenzahl	Gleitzahl
Grad	kg	kg	C_a	C_w	C_n	C_t	C_m	A/W
14,7	4,575	2,204	40,9	19,7	44,6	3,5	13,2	2,08
19,6	6,845	3,010	61,1	26,9	66,8	4,8	19,3	2,3
29,5	8,910	4,712	79,6	42,1	90,1	— 2,5	24,6	1,9
39,5	9,280	6,443	82,9	57,5	100,8	— 8,3	24,8	1,4
49,5	8,902	8,012	79,6	71,6	106,2	—14,0	22,9	1,1

C_a- und C_w-Werte, bezogen auf die reine Segelfläche.

14,7			45,6	22,0				
19,6			68,3	30,0				
29,5			88,9	47,0				
39,5			92,5	64,1				
49,5			88,9	79,9				

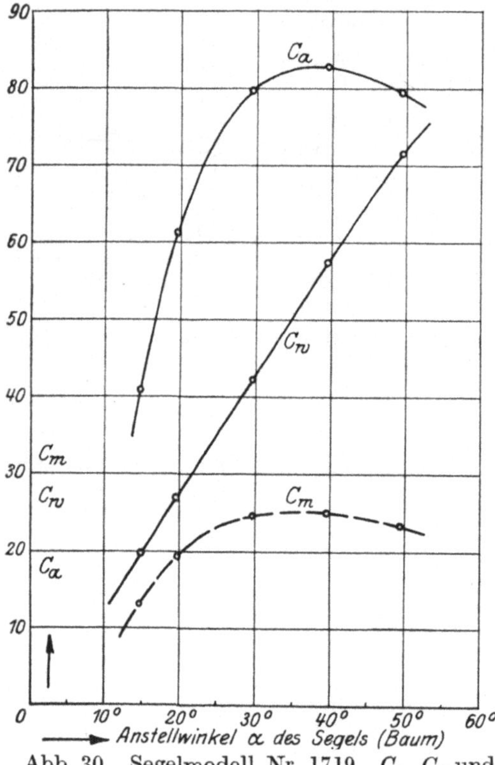

Abb. 30. Segelmodell Nr. 1719. C_a, C_w und C_m als Funktion des Anstellwinkels α.

$C_{a\ max}$-Wert 92,5, während, wenn man als Bezugsfläche die Aufsichtsfläche des Segels einschließlich der Mast- und Baumlängen in dem Bereich des Segels rechnet, so daß als mittlere Tiefe 30 cm und als mittlere Breite einschließlich der Gaffeln 65 cm in Rechnung gestellt werden, da diese Nebenteile ja auch zum Auftrieb mit beitragen, nur ein $C_{a\ max}$-Wert von 82,9 erreicht wird. Vor allen Dingen ist das allmähliche Fallen der C_a-Werte nach Überschreiten des Maximums zu bemerken, ein Zeichen dafür, daß hier der Strömungsumschlag nicht so plötzlich vor sich ging. Wir sehen auch hier

wieder die starke Erhöhung der Widerstandsbeiwerte durch den Rundstab an der Vorderkante. Als Anstellwinkel ist der Winkel der Gaffeln
gegen Luftstrom genom-
men, das Moment wurde
auf Mitte Mast bezogen.
Die hieraus sich ergebende
Druckpunktswanderung
zeigt Abb. 31, aus der zu
ersehen ist, daß in diesem
Falle der Druckpunkt ver-
hältnismäßig nahe am
Anblasrand lag. Abb. 32
gibt das Polareck, in
dem für C_a und C_w der
gleiche Maßstab genom-
men wurde, und das
hieraus sich ergebende

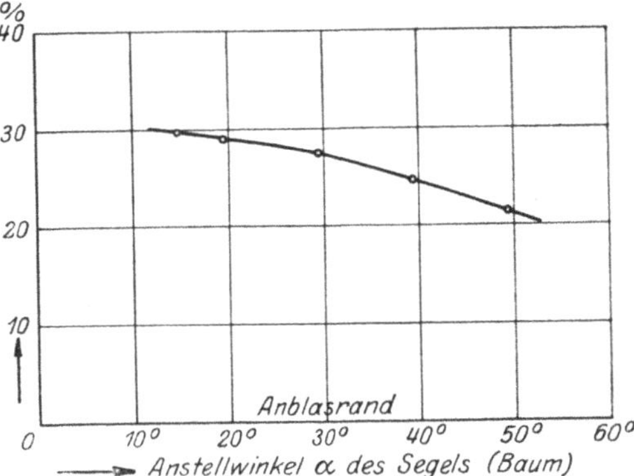

Abb. 31. Segelmodell Nr. 1719. Lagen des
Druckmittelpunktes in % der Flächentiefe
(Länge des Baumes).

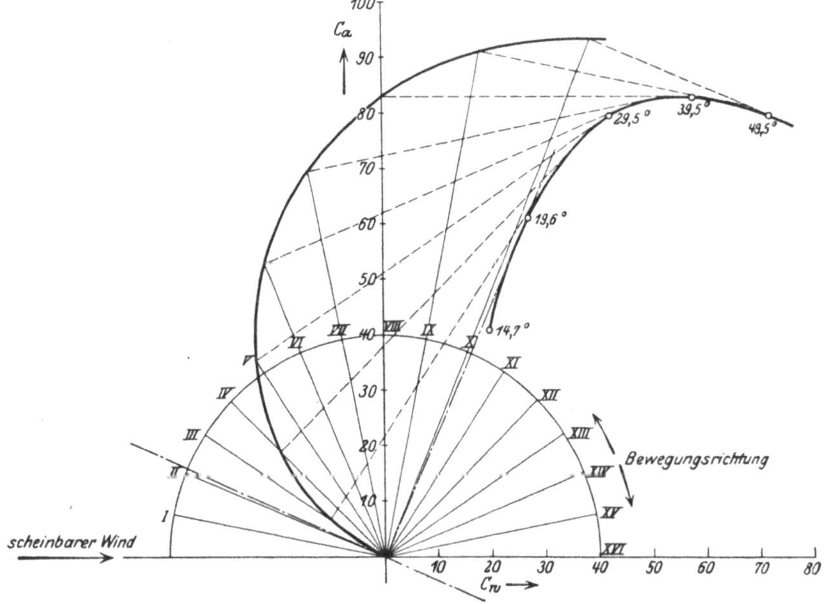

Abb. 32. Segelmodell Nr. 1719. Polarkurve und Kurseck.

Kurseck der C_l-Komponenten in Bewegungsrichtung auf den verschiedenen Kursen zum scheinbaren Winde. Als Grenzlage der
C_l-Werte ergibt sich ungefähr $2^1/_8$ Str. zum scheinbaren Winde.

Da dieser Versuch als nicht vollkommen einwandfrei anzusprechen war, wurden späterhin mit einem Modell nach Abb. 33, das die maßstäbliche Verkleinerung ($^1/_{25}$) eines Segels des Dreimast-Gaffelschoners „Buckau" darstellt, eingehendere Versuche gemacht. Als Mast bzw. Baum und Gaffel dienten Rohre, wobei der Baum fest zum Mast war und die hintere Aufhängeöse trug, während die Gaffel mit einer um den Mast drehbaren Hülse an diesem befestigt war, welche mit Hilfe einer Stellschraube festgeklemmt werden konnte, so daß die Versuche mit fester und frei auswehender Gaffel vorgenommen werden konnten, um den Einfluß des Anholens der Gaffel bei Mehrmastschonern feststellen zu können. Hierbei wurde die Gaffel so ausgerichtet, daß Mitte Mast, Baum und Gaffel in einer Ebene lagen. Als Anstellwinkel wurde der Winkel zwischen Baum und Windrichtung gewählt, als Bezugsfläche F die Segelfläche einschließlich Mast- und Baumprojektionen $= 3060$ cm², während als Momentenbezugslinie die Linie $A\,B$ in Mitte Mast gilt und als Tiefe $t = 46,5$ cm, so daß das Moment um die Bezugslinie $A\,B$ wird:

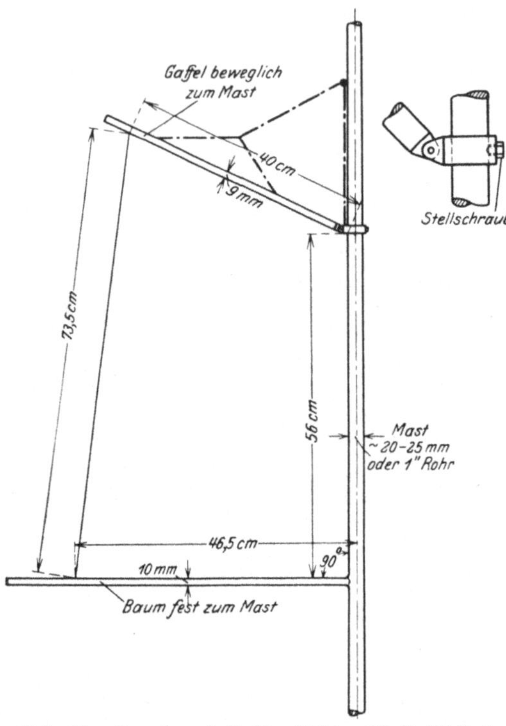

Abb. 33. Segelmodell Nr. 1814. Maßstäbliche Verkleinerung eines Gaffelsegels des Dreimastschoners „Buckau".

$$M = \frac{C_m}{100} \cdot q \cdot F \cdot t \,.$$

Da außer dem Versuch mit Modell 1719 keine Versuche auf diesem Gebiet vorlagen, handelte es sich zunächst darum, den Kennwerteinfluß auf die Luftkräfte festzustellen. Zu diesem Zweck wurde das Segel bei fester Gaffel und konstantem Anstellwinkel von 24,5° bei Windgeschwindigkeiten von 10 bis 30 m/sek gemessen.

Das Ergebnis zeigen Abb. 34 und die zugehörige Tabelle. Man ersieht hieraus, daß zwischen 15—20 m/sek ein kritisches Gebiet der Reynoldschen Kennziffer liegt; die Windgeschwindigkeit von 25 m/sek, mit der die Messungen durchgeführt wurden, jedenfalls weit genug jenseits dieses kritischen Gebietes liegt, um einwandfreie Versuchsergebnisse zu erzielen.

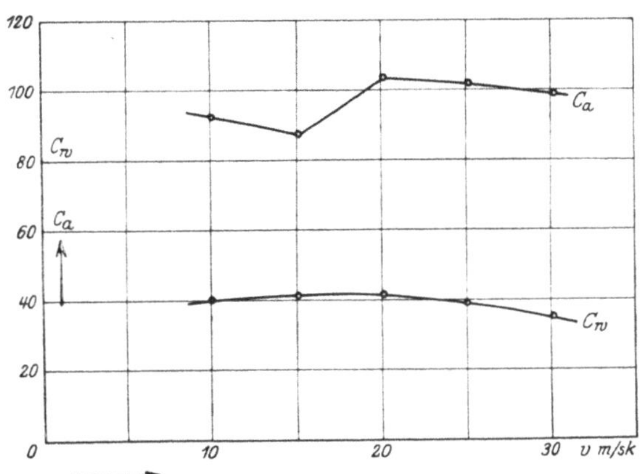

Abb. 34. Segelmodell Nr. 1814. Einfluß des Kennwertes.
Gaffel fest. $\alpha = 24{,}5^0$.

Tabellenblatt zu Abb. 34.

Art des Modells: Segel.

Profil-Nr. 1814. Gesamtfläche $= 3060$ cm².

Anstell-Winkel	Auf-triebs-kraft A	Wider-stands-kraft W	Auf-triebs-zahl	Wider-stands-zahl	Normal-kraft-zahl	Tan-gential-kraft-zahl	Momen-tenzahl	Gleit-zahl	Stau-druck	Ge-schwin-digkeit
Grad	kg	kg	C_a	C_w	C_n	C_t	C_m	A/W	q kg/m²	v m/sek
					Gaffel fest.						
$\alpha = 24{,}5$	1,720	0,784	93,4	40,6	97,2	— 1,7	40,5	2,3	6,3	10,03
	3,855	1,804	88,8	41,6	97,7	0,9	41,8	2,1	14,2	15,07
	8,075	3,247	104,5	42,0	112,0	— 5,0	42,2	2,5	25,3	20,12
	12,318	4,746	102,7	39,5	109,4	— 6,5	39,9	2,6	39,3	25,09
	17,300	6,192	99,5	35,6	105,1	— 8,8	38,0	2,8	56,8	30,18

Abb. 35 und 36 bzw. die entsprechenden Tabellenblätter geben die Ergebnisse des Versuchs mit loser und fester Gaffel in der üblichen Göttinger tabellarischen und kurvenmäßigen Darstellung, wo die C_w-Beiwerte im fünffachen Maßstabe der C_a-Beiwerte aufgetragen werden. Abb. 37 gibt die C_a- und C_w-Beiwerte als Funktion des Anstellwinkels.

Bis $\sim 20^0$ Anstellwinkel killte das Vorliek des Segels noch, um bei $\sim 20^0$ voll Wind zu fassen, d. h. also 2 Str. dürften in praxi als minimalster Einfallswinkel des scheinbaren Windes zum Segel zu betrachten sein.

Wir sehen, daß die C_a-Werte bis ungefähr 30° fast linear zunehmen und ein Maximum mit $\sim$ 113—14 erreichen, dann jedoch ein Strömungsumschlag, den wir ja auch bei den Messungen der ebenen und gewölbten Platten beobachten konnten, eintritt, worauf die C_a-Werte verhältnis-

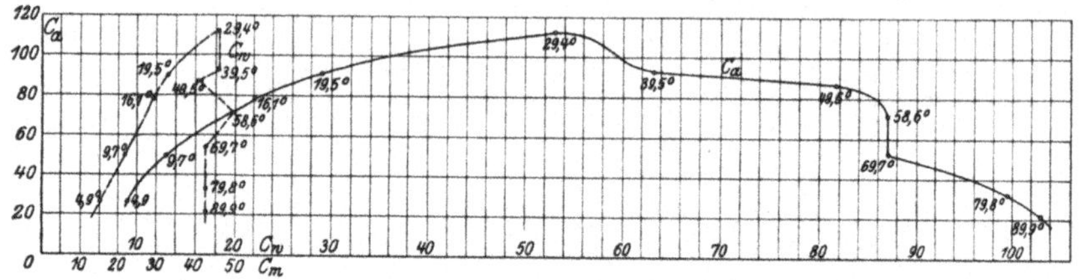

Abb. 35.   Segelmodell Nr. 1814.   Polarkurve: C_a als Funktion von C_m und C_w.   Gaffel fest.

Tabellenblatt zu Abb. 35.

Art des Modells: Segel.

Profil-Nr. 1814.   Gesamtfläche = 3060 cm².   Staudruck q = 39,3 kg/m².

Anstellwinkel	Auftriebskraft A	Widerstandskraft W	Auftriebszahl	Widerstandszahl	Normalkraftzahl	Tangentialkraftzahl	Momentenzahl	Gleitzahl
Grad	kg	kg	C_a	C_w	C_n	C_t	C_m	A/W
				Gaffel fest.				
4,9	3,230	1,057	26,9	8,80	27,5	6,5	15,0	3,1
9,7	5,968	1,566	49,7	13,02	51,1	4,5	21,6	3,8
16,1	9,385	2,643	78,1	22,00	81,1	— 0,5	29,4	3,6
19,5	10,900	3,479	90,8	28,95	95,2	— 3,0	33,3	3,1
29,4	13,558	6,385	113,0	53,2	124,4	— 9,0	46,0	2,1
39,5	11,208	7,573	93,5	63,2	112,1	— 10,7	45,9	1,5
49,5	10,490	9,805	87,4	81,7	118,6	— 13,4	40,7	1,1
58,6	8,450	10,427	70,5	87,0	110,8	— 14,8	49,5	0,8
69,7	6,312	10,453	52,6	87,0	99,8	— 18,9	42,4	0,6
79,8	3,855	11,973	32,2	99,5	103,6	— 13,9	42,4	0,3
89,9	2,438	12,370	20,3	103,0	103,0	— 20,1	42,5	0,2

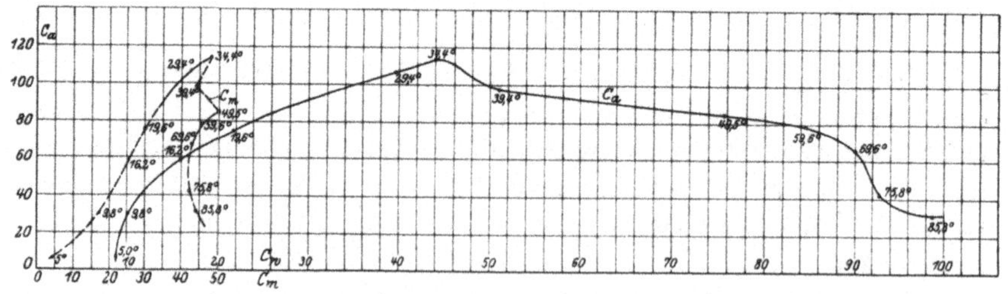

Abb. 36.   Segelmodell Nr. 1814.   Polarkurve: C_a als Funktion von C_m und C_w.   Gaffel lose.

Tabellenblatt zu Abb. 36.
Art des Modells: Segel.
Profil-Nr. 1814.   Gesamtfläche = 3060 cm².   Staudruck q = 39,3 kg/m².

Anstell-Winkel	Auftriebs-kraft A	Wider-stands-kraft W	Auftriebs-zahl	Wider-stands-zahl	Normal-kraftzahl	Tangen-tialkraft-zahl	Momen-tenzahl	Gleitzahl
Grad	kg	kg	C_a	C_w	C_n	C_t	C_m	A/W
				Gaffel lose.				
5,0	0,695	1,070	5,8	8,90	6,5	8,4	4,4	0,6
9,8	3,578	1,215	29,8	10,1	31,1	4,9	17,0	2,9
16,2	7,030	1,905	58,6	15,9	60,6	— 1,1	25,5	3,7
19,6	9,028	2,589	75,2	21,6	78,0	— 4,9	30,0	3,5
29,4	12,842	4,771	107,0	39,7	112,5	— 17,8	42,6	2,7
34,4	13,725	5,282	114,2	44,0	119,0	— 28,3	48,3	2,6
39,4	11,868	6,101	98,6	50,9	108,6	— 23,2	44,2	1,9
49,5	10,230	9,100	85,2	75,7	113,0	— 15,6	49,9	1,1
59,6	9,475	10,142	78,9	84,5	112,7	— 25,3	46,2	0,9
69,6	7,862	10,815	65,5	90,0	107,1	— 29,9	43,4	0,7
75,8	4,995	11,145	41,6	92,9	100,1	— 17,6	42,3	0,4
85,8	3,680	11,884	30,6	98,8	100,8	— 23,3	44,3	0,3

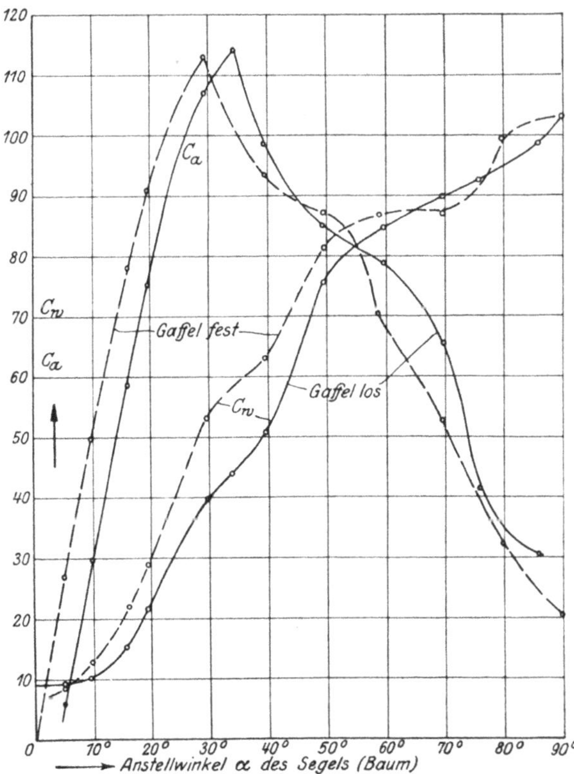

Abb. 37. Segelmodell Nr. 1814. C_a und C_w als Funktion
des Anstellwinkels α.

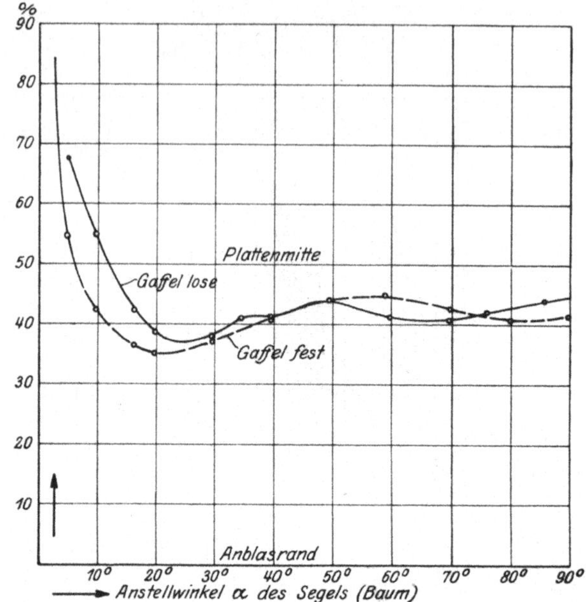

Abb. 38. Segelmodell Nr. 1814. Lagen des Druckmittelpunktes in % der Flächentiefe (Länge des Baumes).

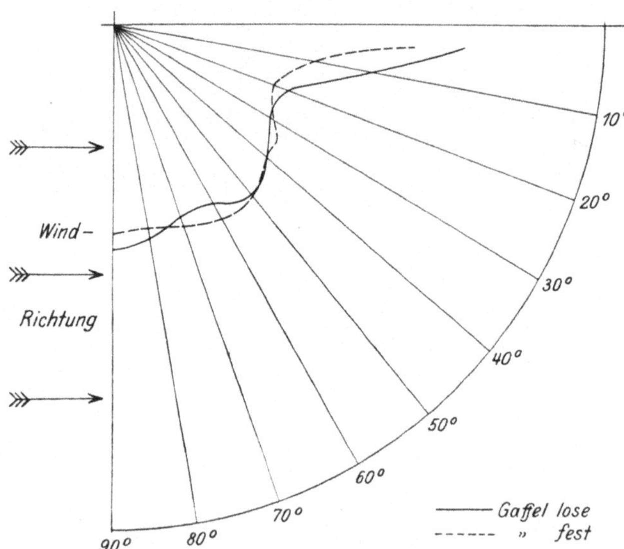

Abb. 39. Segelmodell Nr. 1814. Lagen des Druckmittelpunktes in polarer Darstellung.

mäßig unregelmäßig bis auf etwa 20 und 30 bei 90⁰ abnehmen. Dieser unregelmäßige Verlauf erklärt sich damit, daß mit Vergrößerung des Anstellwinkels sich wohl die Art und Größe der Wölbung verändert. Daß bei 90⁰ noch ein Auftrieb vorhanden ist, hängt damit zusammen, daß das Achterliek des Segels sich etwas straffte und so wohl eine Reaktionskraft am Austrittsrande zustande kam.

Abb. 40. Aufhängung des Segelmodells Nr. 1814 im Göttinger Versuchskanal.

Die Widerstandsbeiwerte zeigen einen verhältnismäßig unregelmäßigen Verlauf, jedoch ist wieder der Zusammenhang zwischen dem Wachsen der Auftriebs- und Widerstandsbeiwerte festzustellen, denn entsprechend der Stelle des Auftriebsmaximums sehen wir hier bei beiden Kurven bei $\sim 30^0$ eine Unstetigkeit in der Zunahme der Widerstandswerte und ebenso bei 60⁰ eine erhebliche Unstetigkeit, entsprechend dem unstetigen Verlauf der C_a-Beiwerte an dieser Stelle.

Es zeigt sich, daß durch das Anholen der Gaffel, entsprechend der dadurch hervorgerufenen Änderung des Einfallswinkels, im oberen Bereich des Segels und der damit bedingten Formänderung des Segels und Verlagerung des Wölbungspfeiles, eine Verschiebung der Anstellwinkel auf den Polarkurven verbunden ist. Das Auftriebsmaximum mit fester Gaffel liegt bei ungefähr 30°, während das Segel mit loser Gaffel das Maximum erst bei 35° zeigt. Jedoch ist sonst der Verlauf der Polarkurve

Abb. 41. Versuchsraum mit Segelmodell Nr. 1814.

nicht allzu verschieden, vor allen Dingen weichen die Gleitzahlen in den kleinen Anstellwinkelbereichen, was für die Fähigkeit des Am-Wind-Segelns in Frage kommt, nicht wesentlich voneinander ab.

Den Verlauf der Druckpunktswanderungen zeigt Abb. 38, der Ähnlichkeit mit dem Verlauf der Druckpunktswanderung der kreisgewölbten Platte hat. Der Druckpunkt wandert von der Austrittskante her bis auf ungefähr 35% der Segeltiefe, um dann entsprechend den Unstetigkeiten der Polarkurve verhältnismäßig unregelmäßig sich 45% der Flächentiefe bei 90° Anstellwinkel zu nähern, wobei, wie oben bereits bemerkt wurde, als Flächentiefe die Länge des Baumes bis Mitte Mast zu rechnen ist.

Etwas anschaulicher gibt Abb. 39 den Verlauf des Druckmittelpunktes in polarer Darstellung.

In Abb. 40 ist die Aufhängung des Segels im Göttinger Versuchskanal zu sehen. Man sieht deutlich die vorderen Aufhängeösen

Abb. 42. Laminare Strömung bei $\alpha = 20^0$.

Abb. 43. Turbulente Strömung bei $\alpha = 40^0$.

am Mast, sowie die hintere Aufhängevorrichtung am Baum und
die Einteilung der Felder für die spätere Aufmessung des Segels.
Abb. 41 gibt ein Bild des Versuchsraumes mit dem bei 25 m/sek

angeblasenen Segel bei frei auswehender Gaffel. Man erkennt hierauf im Vordergrund die Meßwagen und die Wölbung der Segelfläche durch den Wind.

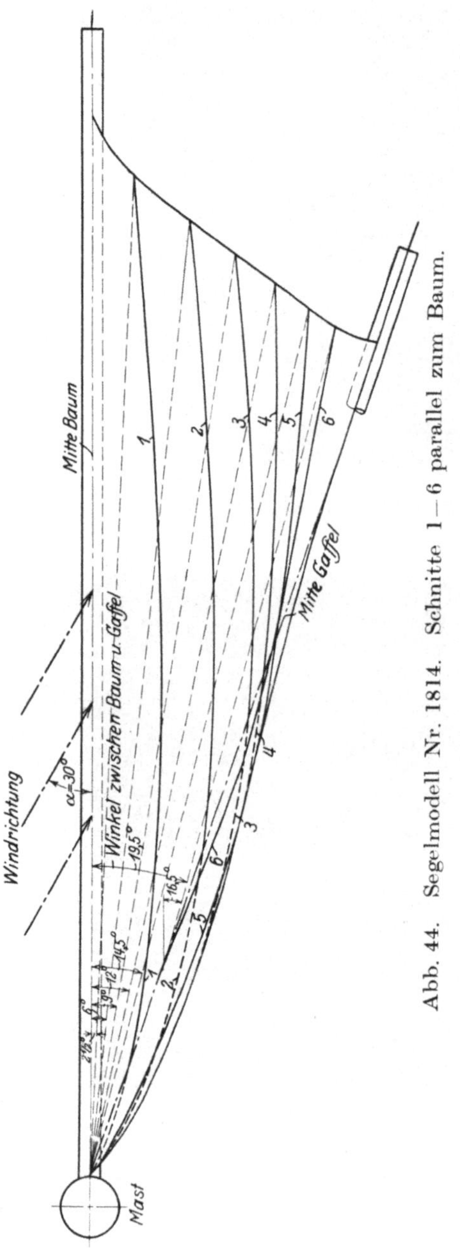

Abb. 44. Segelmodell Nr. 1814. Schnitte 1—6 parallel zum Baum.

Um die Strömung sichtbar zu machen, ließen wir Rauch aus einem Rohr austreten, und Aufnahme Abb. 42 zeigt die Aufnahme einer Stromlinie bei einem Anstellwinkel von 20°. Man sieht, daß hier die Strömung noch längs des Segels verläuft, also noch laminar ist, während in Abb. 43 bei einem Anstellwinkel von 40°, der also jenseits des Auftriebmaximums liegt, die Stromlinie dem Segel nicht mehr folgt, da die Strömung hier bereits turbulent ist.

Um die Form des Segels festzulegen, wurden die Durchbiegungen bei einem Anstellwinkel von 30° und 25 m/sek Windgeschwindigkeit vom Boden des Versuchsraumes aus durch die Höhe der einzelnen durch arabische und römische Zahlen gekennzeichneten Schnittpunkte aufgemessen.

Abb. 44 zeigt das Ergebnis dieser Messungen, den Verlauf der Durchbiegung der Linien 1—6. Wir sehen hieran, daß der Wölbungspfeil des Segels zwischen $^1/_{25}$—$^1/_{10}$ wechselt. Die Gaffel wehte bei diesem Anstellwinkel des Baumes von 30° ungefähr 20° zum Baume aus, d. h. das Segel hatte in dem obersten Bereich nur mehr ca. 10° An-

stellwinkel. Die Abnahme des Anstellwinkels vom Baum zur Gaffel auf
den Schnitten 1—6 ist ebenfalls aus Abb. 44 zu ersehen.

Die günstigsten Anstellwinkel des Segels zum scheinbaren Wind
auf den verschiedenen Kursen ergeben sich aus dem Kurseck (Abb. 45).
Es würde bei diesem Segel richtig sein, zunächst von ungefähr $3^1/_2$ Str.
bis 10 Str. ungefähr 35^0 Einfallswinkel des scheinbaren Windes zum Segel
zu halten, d. h. das Segel dauernd nur gut vollstehend zu fahren und
mit jedem Strich, den man vom Winde abfällt, nur einen Strich ebenfalls

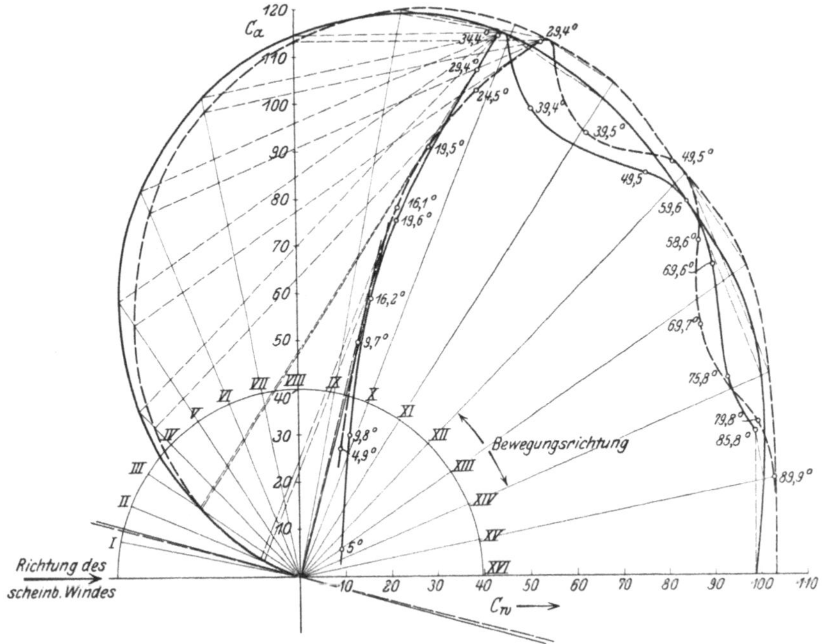

Abb. 45. Segelmodell Nr. 1814. Polarkurve und Kurseck.
————— Gaffel fest. —————— Gaffel lose.

das Segel zu fieren, während von ungefähr 11 Str. ab der Baum langsamer zu fieren ist als das Schiff vom Winde wegdreht, bis bei achterlichem Wind 90^0 Einfallswinkel erreicht sind.

Diese Versuche dürften, wie die Untersuchung des Kennwertein-
flusses zeigt, als einwandfrei zu betrachten sein, auch stimmt das Auftriebsmaximum sehr gut mit dem der kreisgewölbten Platte von $^1/_{15}$ Wölbung, die annähernd der mittleren Wölbung des Segels entspricht,
überein. Auch im übrigen zeigen die Polarkurven analogen Verlauf
nur bei größeren Widerstandsbeiwerten des Segels, analog den Versuchen mit kreisgewölbten Flächen und Rundstab an der Vorderkante,
wo der Rundstab ja ebenfalls eine bedeutende Erhöhung der Widerstandsbeiwerte bedingte.

Gegenseitige Beeinflussung, Takelagewiderstand.

Wir haben uns bis jetzt immer nur mit der Wirkung des Windes auf eine einzelne Fläche, Profil oder Segel beschäftigt und erkannt, welchen Einfluß Profilgebung, Seitenverhältnis, Umriß, Größe und Lage der Wölbung haben, wie verschieden die Druckpunktwanderung verläuft.

In praxi ist es nun in den meisten Fällen aus konstruktiven und Stabilitätsgründen nicht möglich, die ganze Segelfläche in einer einzigen, möglichst schmalen und hohen Fläche unterzubringen, um genügende Vortriebskraft zu erreichen, was aerodynamisch das Günstigste wäre, sondern man ist gezwungen, ein aus mehreren Teilen bestehendes Segelflächensystem anzuordnen, das in seiner Gesamtheit einen Aufbau von Flächen verschiedenster Größe und Form bildet, die alle auch wieder wechselseitig aufeinander wirken.

Man hat nun zwar im Flugzeugbau bereits Formeln aufgestellt, die es gestatten, den wichtigsten Teil eines Tragflügelsystems oder Tragwerkes, den induzierten Widerstand, theoretisch zu berechnen, wenn man die Auftriebsanteile der einzelnen Flügel kennt. Siehe hierzu Ergebnisse der Göttinger Aerodynamischen Versuchsanstalt, 2. Lieferung, 3. Abschnitt: Der induzierte Widerstand von Mehrdeckern, wo auch weitere Quellenangaben zu finden sind. Einerseits setzen diese Rechnungen elliptische Auftriebsverteilung voraus, die beim Segel auch nicht angenähert erreicht werden dürfte, andrerseits handelt es sich immer um relativ geringe Anstellwinkel im Bereich der günstigsten Gleitzahlen und ungestaffelte Mehrdecker.

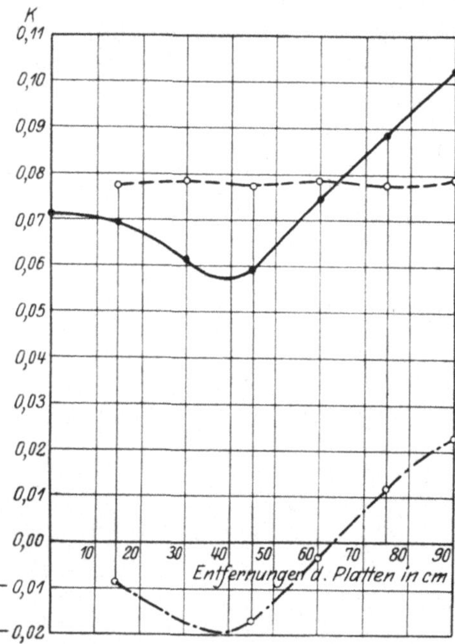

Abb. 46. Größe der Drücke auf zwei parallel hintereinander stehende rechteckige Platten von 40×10 cm.
———————— resultierende Widerstandsbeiwerte beider Flächen zusammen.
—·—·—·— Widerstandsbeiwerte der hinteren Fläche allein[1]).
———————— Widerstandsbeiwerte der vorderen Fläche allein.

———
[1]) Vgl. G. Eiffel a. a. O.

Einen Anhalt, wieweit die Überdeckung der Segel vor dem Winde bei Gaffelschonern z. B. sich bemerkbar macht, geben uns vielleicht Messungen Eiffels mit parallelen Rechtecken von 40×20 cm Größe, die hintereinander gestellt vom Winde senkrecht getroffen werden.

Wie die Abb. 46 zeigt, auf der in Abhängigkeit von der Entfernung der Platten der Koeffizient K für ein einzelnes Rechteck von 80 cm² berechnet, sowohl für die vordere und hintere Platte allein als für beide zusammen aufgetragen ist, ist der Druck auf beide Platten bei geringer Entfernung derselben geringer als der auf eine Einzelfläche, um erst von 40 cm ab, d. h. der Länge der größeren Seiten, langsam anzusteigen. Bei $\sim$ 65 cm Entfernung ergeben beide Platten zusammen nur den Druck, den eine einzelne Fläche haben würde, um von hier fast linear anzusteigen.

Der Druck auf das vordere Rechteck ist nahezu konstant und unabhängig von dem Abstand des hinteren Rechtecks und etwas höher als der Druck auf ein alleinstehendes Rechteck.

Da bei Mehrmastschonern die Entfernung der Segel annähernd gleich der kürzeren Seite ist, wird bei direkt achterlichem Winde der Druck auf alle Segel zusammen kleiner sein, als wenn man nur die Segel eines Mastes ziehen lassen würde, und wenn man, wie vielfach üblich, die Segel nach verschiedenen Seiten ausbaumt (sog. Schmetterlingsstellung), sind wir sogar im Bereich des Druckminimums. Hinzu kommt fernerhin noch, daß bei Wind direkt von achtern der scheinbare, d. h. wirksame Wind nur die arithmetische Differenz zwischen wahrem Winde und Schiffsgeschwindigkeit ist. Bei Rahschiffen wird der Einfluß nicht ganz so verheerend sein, da durch die Spalte zwischen den Rahsegeln eine Durchlüftung des Zwischengebietes möglich ist.

Es ist bekannt, daß man auch hier bei Wind von achtern die hinteren Segel aufgeit und im wesentlichen nur der Kreuztopp zieht.

Hinzu kommt noch, daß all das Tauwerk die Strömung störend beeinflußt, da bei Gaffelschonern z. B. die Wanten gerade im empfindlichsten Unterdruckgebiet verlaufen.

Da es selbst auf Grund ausgedehntester Voruntersuchungen schwer sein dürfte, all dies rechnerisch zu erfassen, tauchte der Gedanke auf, Versuche mit einem vollständig getakelten Takelagemodell anzustellen. Durch die Abmessungen des uns in Göttingen zur Verfügung stehenden Kanals ist die Abmessung dieses Modells bedingt und auf ca. 1,20 m beschränkt, weil bei einem Überschreiten dieses Maßes der Einfluß der Wände des 2 m im Durchmesser messenden Kanals zu merklich wird.

Als kleinstes Typschiff, daß sowohl Rah- als Gaffelsegel führt, kam demnach eine Schonerbrigg, z. B. nach „Middendorf, Bemastung und Takelung der Schiffe, S. 174", in Frage (erforderlicher Modellmaßstab

1 : 25). Modelle kleinster Zwei- bzw. Dreimastgaffelschoner würden immerhin einen Modellmaßstab von 1 : 30 bzw. 1 : 40 bedingen.

Hier tritt nun eine neue Schwierigkeit auf. Ähnlich wie wir in der Schiffbautechnik nicht einfach die Anhängselwiderstände aus dem Modellversuch in die Wirklichkeit übernehmen können, ist es hier schwierig, den Widerstand der Takelage, d. h. vor allem des Tauwerks, zu bestimmen.

Es hat sich nämlich gezeigt, daß die dimensionslose Widerstandszahl C in der Formel $W = C_w \cdot F \cdot q$, die wir hier für zylindrische Körper ansetzen, durchaus keine Konstante ist, sondern gerade bei zylindrischen Formen äußerst abhängig von der Reynoldschen Kennziffer $\dfrac{v \cdot d}{\nu}$, wie ja überhaupt der Widerstand von Körpern mit abgerundeten Konturen viel abhängiger von eben jener Kennziffer ist als der scharfkantiger Formen, vor allem mit Kanten quer zur Strömungsrichtung, so daß die Ablösung der Strömung unbedingt an diesen Kanten erfolgen muß, in viel weiteren Grenzen also geometrisch ähnliche Strömung vorhanden ist, d. h. konstante Widerstandsbeiwerte zu erwarten sind.

Sehr eingehende Versuche zur Feststellung der Widerstandsverhältnisse unendlich langer zylindrischer Körper zwischen den kleinsten und größten mit den vorhandenen Mitteln erreichbaren Reynoldschen Zahlen sind in der II. Lieferung der Göttinger Versuchsergebnisse, S. 22/28, veröffentlicht, wo auch eine ausführliche Diskussion der Ergebnisse nachzulesen ist. Ich möchte hier nur in Abb. 47 das dort veröffentlichte Kurvenblatt 24 geben, wo die Widerstandszahl C abhängig von der Reynoldschen Zahl $R = \dfrac{v \cdot d}{\nu}$ auf logarithmisch geteilten Koordinatenachsen aufgetragen ist. Auffällig ist das Anwachsen der Widerstandszahl mit abnehmender Reynoldscher Zahl und die auffällige Einsenkung bei $Q = 2000$. Nur von $R = 15\,000$ bis $R = 180\,000$ sehen wir das quadratische Gesetz annähernd erfüllt mit einem Widerstandsbeiwert $c = 1,2$ für ∞ lange Zylinder, d. h. für ebene Strömung, während bei $R = 200\,000$ der kritische Bereich der Reynoldschen Zahl liegt, indem hier c von 1,2 auf 0,3, also rund den vierten Teil dieses Wertes sinkt und nach Meinung von Prof. Prandtl auch in diesem überkritischen Gebiete nicht mit Sicherheit eine konstante Widerstandszahl angenommen werden kann.

Näheres über den Widerstand der Zylinder von endlicher Länge, wo die beiden Stirnflächen von der Strömung umflossen werden, ist ebenfalls am angegebenen Orte nachzulesen. Der Gesamtverlauf der Kurve ist in der Hauptsache dem des unendlich begrenzten Zylinders ähnlich. Die erwähnte Einsattlung und der kritische Bereich liegen ungefähr an derselben Stelle. Am bemerkenswertesten ist jedoch, daß

Zylinder endlicher Länge niedrigere Widerstandszahlen haben, was damit erklärt wird, daß eine seitliche „Belüftung" der Zylinderenden stattfindet, also eine räumliche Strömung entsteht, die die Druckverteilung um den Zylinder ändert und von merklichem Einfluß auf den Widerstand ist. Wie die Abb. 47 zeigt, ist also der Widerstand eines Zylinders nicht nur sehr merklich abhängig von der Reynoldschen Zahl, sondern in ebensolchem Maße von dem Werte Zylinderdurchmesser : Zylinder-

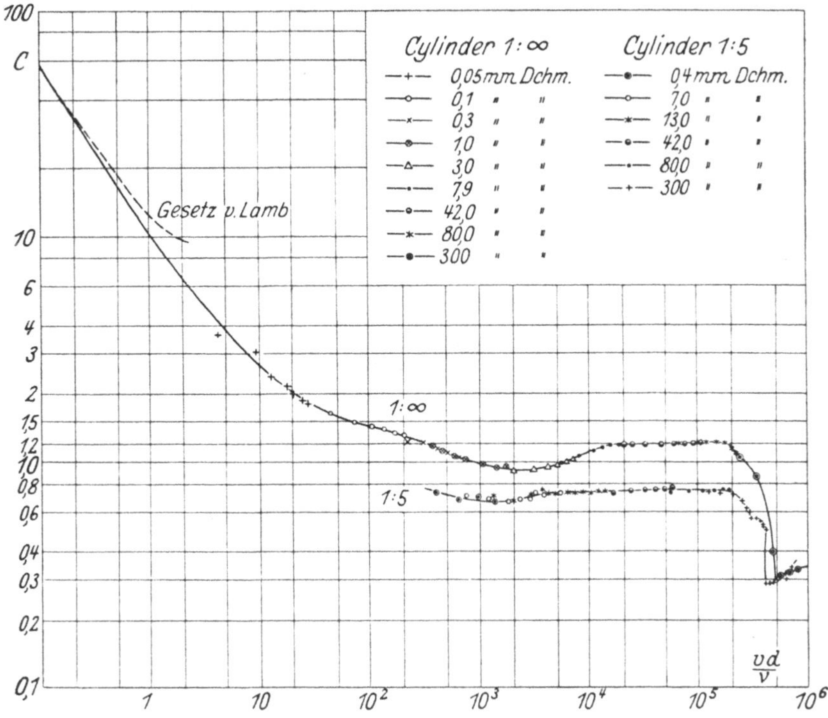

Abb. 47. Widerstandsbeiwerte von Zylindern in Abhängigkeit vom Kennwert.

länge, analog der Veränderung des induzierten Widerstandes bei Tragflächen bei Änderung des Seitenverhältnisses.

Das Tauwerk großer Segler ist weiterhin nicht von vollkommen zylindrischen Körpern gebildet, sondern aus gedrehtem Draht oder Hanfseilen mit verschiedener Zahl von Einzelkardeelen, so daß die Befürchtung besteht, daß bei den Litzen, die für ein Modell verwendet werden, noch weniger geometrische Ähnlichkeit der Strömung zu erwarten ist.

Zur Vervollständigung obiger Angaben wurden deshalb weiterhin Versuche im kleinen Kanal der Göttinger Anstalt im Auftrage der Flettner-Gesellschaft angestellt mit Draht- und Hanftauwerk moderner

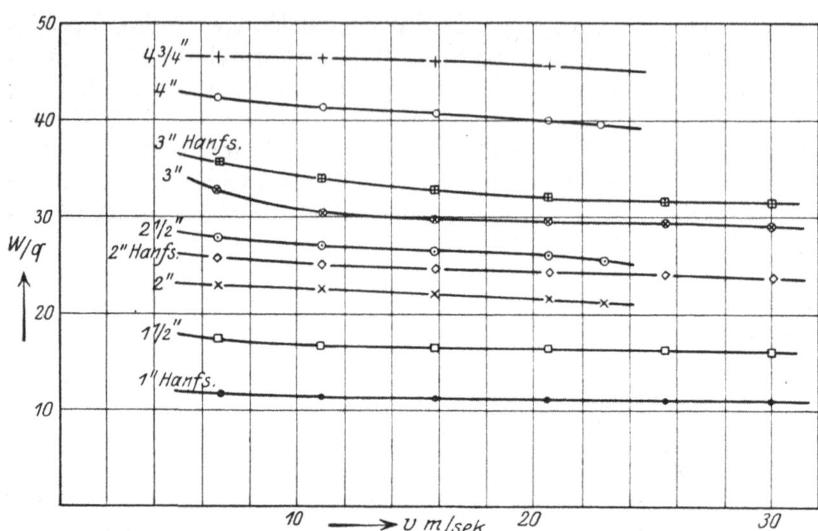

Abb. 48. Widerstandsmessungen an Draht- und Hanfseilen.

Segler, das die **Fried. Krupp Germaniawerft** A.-G., Kiel, zur Verfügung stellte, sowie mit Drähten und Litzen kleinerer Durchmesser, die für Modellausführungen in Frage kommen würden.

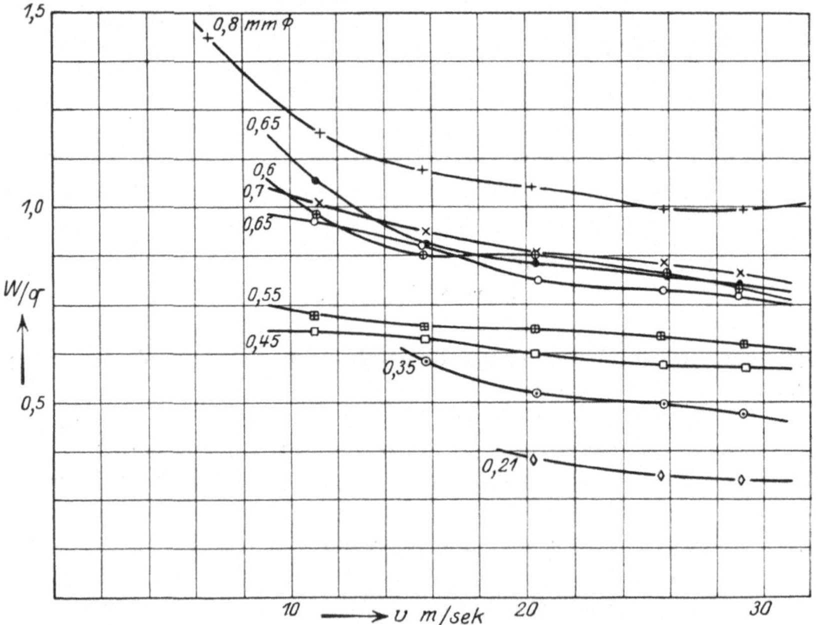

Abb. 49. Widerstandsmessungen an Drahtseilen und Drahtlitzen.

Die größte Windgeschwindigkeit bei den Messungen betrug 30 m/sek.
In den anliegenden Kurven Abb. 48 u. 49 sind die Werte $\dfrac{W}{q}$ für
jedes Seil in Abhängigkeit von der Windgeschwindigkeit aufgetragen,
wobei der Widerstand in g gemessen ist und q den Staudruck $\varrho \cdot \tfrac{1}{2} v^2$
bedeutet. In Abb. 50 ist außerdem der C_w-Beiwert aufgetragen,
der sich, wie bekannt, ergibt, wenn man den gemessenen Widerstand des Seiles dividiert durch den Staudruck und die Projektions-
fläche des Seiles (Durchmesser $\times$ Länge des im Winde hängenden Stückes).
Als Durchmesser wurden die jeweiligen größten genommen, d. h. über
Außenkanten der Kardeele gemessen.

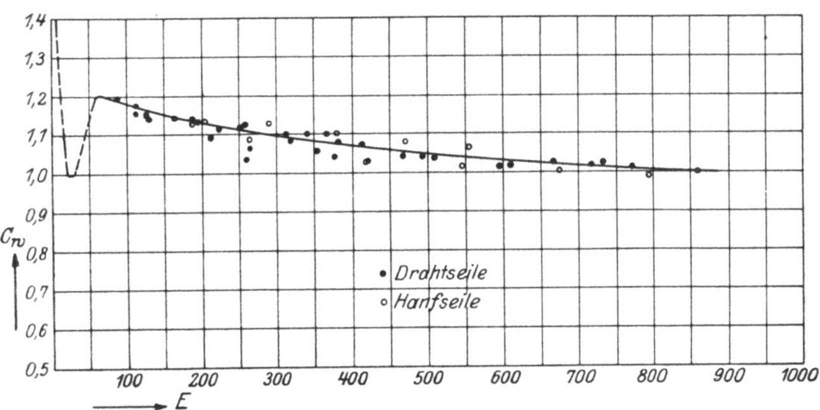

Abb. 50. Widerstandsbeiwerte von Draht- und Hanfseilen und Drahtlitzen
in Abhängigkeit vom Kennwert.

Tabellenblätter zu Abb. 48—50.

Art des Modells: Drahtseile.

Geschwin-digkeit v m/sek	Staudruck q kg/m²	Widerstand W gr	$\dfrac{W}{q}$	Wider-standszahl c_w	Kennwert E m/sek · mm
\multicolumn{6}{c}{Gemessener Durchmesser 0,7 mm}
11,1	7,72	7,8	1,01	1,21	7,78
15,8	15,5	14,5	0,94	1,12	11,1
20,6	26,4	23,4	0,89	1,06	14,4
25,5	40,6	34,6	0,85	1,01	17,8
30,2	56,9	46,4	0,82	0,97	21,2
\multicolumn{6}{c}{Gemessener Durchmesser 0,65 mm}
11,0	7,65	8,1	1,06	1,36	7,17
15,8	15,5	14,0	0,90	1,16	10,2
20,6	26,4	22,8	0,86	1,11	13,4
25,5	40,5	33,2	0,82	1,06	16,6
30,2	56,9	44,7	0,79	1,01	19,6

Art des Modells: Drahtseile.

Geschwindigkeit v m/sek	Staudruck q k/gm²	Widerstand W gr	$\dfrac{W}{q}$	Widerstandszahl c_w	Kennwert E m/sek · mm
Gemessener Durchmesser 0,45 mm					
11,1	7,72	5,25	0,58	1,26	5,0
15,8	15,6	10,2	0,65	1,22	7,1
20,6	26,4	16,4	0,62	1,15	9,25
25,5	40,6	24,1	0,60	1,10	11,5
29,7	55,0	32,2	0,585	1,09	13,4
Gemessener Durchmesser 0,35 mm					
15,8	15,6	9,5	0,609	1,45	5,53
20,6	26,4	13,8	0,523	1,25	7,19
25,5	40,6	20,0	0,497	1,00	8,91
29,4	54,1	25,0	0,463	1,11	10,3
Gemessener Durchmesser 0,21 mm					
20,6	26,4	9,3	0,352	1,40	4,31
25,5	40,6	13,1	0,322	1,28	5,35
29,1	53,0	16,1	0,304	1,21	6,11
$4^3/_4''$, gemessener Durchmesser 37,7 mm					
6,88	2,96	138	46,5	1,03	259
11,06	7,64	354	46,4	1,03	416
15,75	15,5	711	46,0	1,02	594
20,55	26,4	1208	45,7	1,01	774
22,85	32,6	1472	45,2	1,00	860
$4''$, gemessener Durchmesser 32,4 mm					
6,68	2,79	118	42,4	1,09	216
10,96	7,55	311	41,2	1,06	355
15,75	15,5	630	40,6	1,04	509
20,55	26,4	1060	40,1	1,03	665
22,68	32,1	1270	39,6	1,02	734
$3''$, gemessener Durchmesser 24,0 mm					
6,83	2,92	95	32,6	1,14	164
11,06	7,65	232	30,4	1,06	265
15,8	15,5	463	29,8	1,04	378
20,55	26,4	783	29,7	1,04	493
25,5	40,5	1190	29,4	1,02	611
29,8	55,7	1620	29,1	1,01	715
$2^1/_2''$, gemessener Durchmesser 20,2 mm					
6,88	2,96	82	27,7	1,14	139
10,96	7,55	203	26,9	1,11	222
15,75	15,5	406	26,2	1,08	318
20,55	26,4	685	26,0	1,07	415
23,0	33,0	826	25,1	1,04	465
$2''$, gemessener Durchmesser 16,5 mm					
6,83	2,92	67	23,0	1,17	113
10,96	7,55	169	22,4	1,14	182
15,75	15,5	340	22,0	1,12	261
20,55	26,4	569	21,6	1,10	340
22,92	32,8	695	21,2	1,08	380

Art des Modells: Drahtseile.

Geschwin-digkeit v m/sek	Staudruck q kg/m²	Widerstand W gr	$\dfrac{W}{q}$	Wider-standszahl c_w	Kennwert E m/sek · mm
$1^1/_2''$, gemessener Durchmesser 12,2 mm					
6,88	2,97	51	17,3	1,19	84
11,06	7,65	128	16,7	1,15	123
15,8	15,5	256	16,5	1,13	193
20,55	26,4	432	16,4	1,12	250
25,5	40,5	652	16,1	1,10	311
29,9	55,8	891	16,0	1,10	365
$1''$, gemessener Durchmesser 9,3 mm					
6,88	2,97	35	11,65	1,05	63
11,06	7,65	86	11,2	1,01	103
15,75	15,5	172	11,1	1,00	146
20,55	26,4	294	11,1	1,00	192
25,5	40,5	450	11,1	1,00	237
30,0	56,1	630	11,2	1,01	279

Art des Modells: Hanfseile.

Geschwin-digkeit v m/sek	Staudruck q kg/m²	Widerstand W gr	$\dfrac{W}{q}$	Wider-standszahl c_w	Kennwert E m/sek · mm
$3''$, gemessener Durchmesser 26,5 mm					
6,88	2,97	105	35,4	1,12	182
11,05	7,65	261	34,2	1,08	266
15,75	15,5	507	32,8	1,03	417
20,55	26,4	850	32,2	1,01	545
25,5	40,5	1290	31,8	1,00	675
29,9	55,9	1750	31,4	0,99	792
$2''$, gemessener Durchmesser 18,5 mm					
6,88	2,97	75,8	25,6	1,15	127
11,05	7,65	192	25,1	1,13	204
15,75	15,5	384	24,8	1,12	291
20,55	26,4	645	24,5	1,10	380
25,5	40,5	971	24,0	1,08	471
30,1	56,5	1340	23,7	1,07	556

Art des Modells: Drahtlitzen.

Geschwin-digkeit v m/sek	Staudruck q kg/m²	Widerstand W gr	$\dfrac{W}{q}$	Wider-standszahl c_w	Kennwert E m/sek · mm
Gemessener Durchmesser 0,8 mm					
6,83	2,92	4,15	1,42	1,48	5,46
11,06	7,65	9,12	1,19	1,24	8,85
15,7	15,4	16,8	1,09	1,14	12,6
20,55	26,4	27,7	1,05	1,10	16,5
25,5	40,5	40,0	0,99	1,04	20,4
30,4	57,8	57,7	1,00	1,05	24,4

Art des Modells: Drahtlitzen.

Geschwin-digkeit v m/sek	Staudruck q kg/m²	Widerstand W gr	$\dfrac{W}{q}$	Wider-standszahl c_w	Kennwert E m/sek · mm
Gemessener Durchmesser 0,6 mm					
11,1	7,73	7,47	0,98	1,37	6,65
15,75	15,5	13,6	0,88	1,22	9,45
20,55	26,4	23,1	0,875	1,22	12,3
25,5	40,5	33,2	0,82	1,15	15,3
30,0	56,4	44,4	0,79	1,10	18,0
Gemessener Durchmesser 0,65 mm					
11,1	7,72	7,45	0,96	1,24	7,21
15,6	15,5	14,0	0,90	1,16	10,3
20,6	26,4	21,4	0,81	1,04	13,4
25,5	40,6	32,0	0,79	1,02	16,6
30,0	56,1	43,0	0,765	0,99	19,5
Gemessener Durchmesser 0,55 mm					
11,0	7,65	5,5	0,72	1,11	6,06
15,8	15,5	10,7	0,69	1,06	8,70
20,6	26,5	18,2	0,685	1,05	11,3
25,5	40,5	27,0	0,665	1,02	14,0
29,7	55,1	35,6	0,645	0,99	16,3

Bei genauer geometrischer Ähnlichkeit der Seile und Drähte dürften, wie wir schon sahen, die Widerstandsbeiwerte nur von dem Kennwert (Durchmesser in mm und v in m/sek) abhängen, die Meßpunkte müßten also alle auf einer Kurve liegen.

Es zeigt sich jedoch, daß in Wirklichkeit die Punkte ziemlich streuen, was der unvollkommenen Ähnlichkeit zuzuschreiben ist, da vor allen Dingen bei den dünnen Litzen nach dem Bericht der Versuchsanstalt die Dickenmessungen nicht so genau durchgeführt werden konnten, wobei natürlich eine Streuung der Versuchspunkte entsteht, so daß man sich im einzelnen Fall mehr an die $\dfrac{W}{q}$-Werte als an die C_w-Beiwerte wird halten müssen. Außerdem ist die Oberflächenbeschaffenheit, wie die Werte gleich starker Draht- und Hanfseile zeigen, von Einfluß auf die Widerstandswerte. Besonders die Drahtlitzen zeigen Widerstandsbeiwerte, die sehr stark von der Geschwindigkeit abhängen. Außerdem ist auffällig wiederum die Einsenkung der C_w-Werte bei Kennwerten von 30 bis 50, die ja auch schon bei den anderen Versuchen beobachtet wurde. Es scheint sich hier um einen Umschlag der Strömung zu handeln.

Da fast alles Tauwerk bei Seglern nicht senkrecht von der Strömung getroffen wird, sondern in einem Winkel zur Windrichtung geneigt ist, wäre der Einfluß dieser Neigung auf den Widerstand festzustellen. Einen ersten Anhalt gibt die Abb. 51, die aus „Eiffel, Neue Untersuchungen über den Luftwiderstand und den Flug, S. 96, Abb. 69", stammt und den Widerstand eines gegen den Wind geneigten Drahtes bezogen auf den Widerstand des senkrechten Drahtes zeigt.

Man sieht aus dieser Kurve, daß der Widerstand · ungefähr nach einem $\sin^2$-förmigen Gesetz abnimmt.

Zu dieser Neigung gegen den Wind kommt als weiteres noch die Wirkung der gegenseitigen Beeinflussung des nahe aneinanderliegenden Tauwerks hinzu.

Wir sehen jedenfalls, daß es kaum möglich sein dürfte, rechnerisch all dies zu erfassen, und sehen andrerseits, welche Schwierigkeiten bestehen, geometrische Ähnlichkeit der Strömung eines Gesamtmodells mit einem großen Schiff herzustellen. Zum mindesten

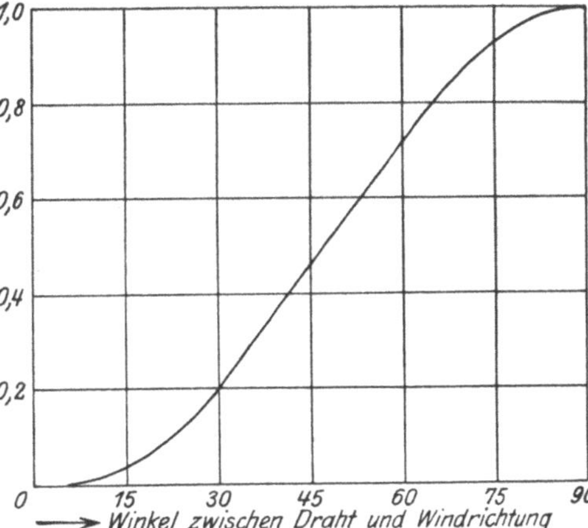

Abb. 51. Widerstand eines gegen den Wind geneigten Drahtes auf den Widerstand des senkrechten Drahtes bezogen.

Abb. 52. Modell einer Schonerbrigg im Göttinger Versuchskanal.

in bezug auf die reinen Widerstandsbeiwerte sind deshalb die Ergebnisse des in folgendem beschriebenen Versuchs mit dem Modell einer Schonerbrigg mit Vorsicht zu behandeln.

Untersucht wurde ein von der Germaniawerft Kiel geliefertes Modell einer Schonerbrigg, Abb. 52, das nach den Angaben von Middendorf, s. dieses auch oben, hergestellt war, und zwar

1. mit voller Segelausrüstung und
2. mit festgemachten Segeln (Takelagemodell).

Das Modell selber war mit ca. 2—3 mm Zwischenraum über einer in den Kanal gebauten Wand, die die Wasseroberfläche vertrat, in der üblichen Weise aufgehängt, so daß es möglich war, mit dreimaliger Umhängung die Kräfte auf sämtlichen Kursen zum Winde zu messen.

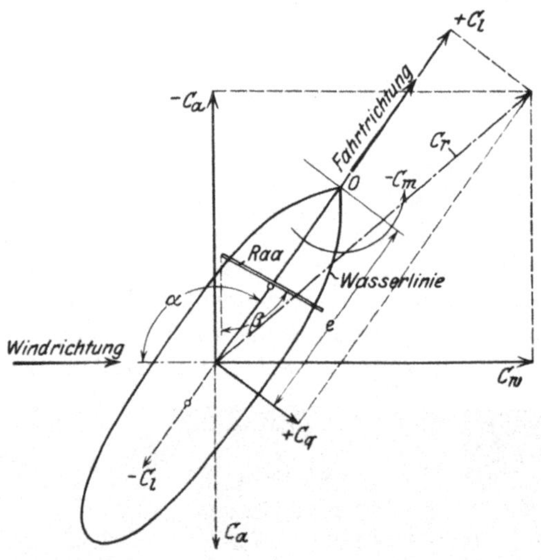

Abb. 53. Modell einer Schonerbrigg. Definitionen.

(Kurswinkel, d. h. Winkel zwischen Kielrichtung und scheinbarem Winde in folgendem mit α bezeichnet.)

Auf jedem Kurse stellte ich ferner den Rahenwinkel nach meiner seglerischen Erfahrung ein und änderte ihn mehrfach, um die günstigste Wirkung auszuprobieren. Als Rahenwinkel β, s. Abb. 53, wurde der Winkel zwischen der Senkrechten und der Rah gemessen.

Gemessen wurden wie üblich zwei Auftriebskomponenten A und der Widerstand W am Modell. Hieraus wurde unter Benutzung des Kurswinkels die Kraft in Längsschiff-Richtung L (in Fahrtrichtung angreifend, positive Richtung nach vorn) und die Abtrift- oder Querkraft Q (senkrecht zur Fahrtrichtung, positive Richtung nach rechts) berechnet.

Die dimensionslosen Beiwerte C_l und C_q sind auf die gesamte Segelfläche F und den Staudruck q wie üblich bezogen. Die Segelfläche

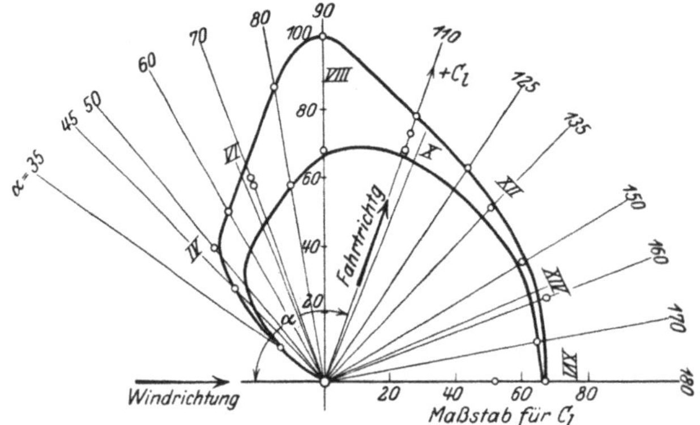

Abb. 54. Kurseck des Schonerbriggmodells.

Tabellenblatt zu Abb. 54.

Art des Modells: Schonerbrigg unter Segel.

Gesamtfläche $= 4012$ cm². Staudruck $q = 7,4$ kg/m².

Kurs-winkel Grad α	Auftriebs-kraft A kg	Wider-stands-kraft W kg	Auftriebs-zahl C_a	Wider-stands-zahl C_w	Normal-kraftszahl C_q	Tangen-tial-krafts-zahl C_l	Momen-tenzahl C_m	Gleitzahl A/W	Rahen-winkel Grad β
80	— 3,082	2,613	— 103,9	88,0	104,7	87,2	— 43,6	— 1,180	63
80	— 2,232	2,671	— 75,1	90,0	101,5	58,4	— 40,0	— 0,835	43
70	— 2,798	2,381	— 94,2	80,2	107,7	61,0	— 42,3	— 1,173	53
70	— 3,092	2,973	— 104,0	100,0	129,7	63,5	— 59,3	1,040	43
60	— 3,448	2,586	— 116,0	87,1	133,5	57,0	— 57,3	— 1,332	60
50	— 3,655	2,028	— 123,0	68,3	131,5	50,7	— 54,5	— 1,800	70
45	— 3,360	1,770	— 113,0	59,6	122,2	38,1	— 50,9	— 1,898	75
35	— 2,355	1,046	— 79,4	35,2	84,9	16,8	— 37,1	— 2,252	85
180	0,420	1,527	14,1	51,5	14,1	51,5	— 12,4	0,275	0
180	0,142	1,986	4,8	67,0	4,8	67,0	— 5,3	0,072	0
180	0,368	1,524	12,4	51,3	12,4	51,3	— 11,4	0,242	0
170	0,128	1,983	4,3	66,8	15,8	65,0	— 12,9	0,065	0
160	0,045	2,258	1,5	76,1	27,4	71,0	— 17,1	0,020	0
150	— 0,038	2,351	— 1,3	79,2	38,5	69,2	— 21,2	— 0,016	10
150	— 0,122	2,314	— 4,1	78,0	35,5	69,5	— 19,8	— 0,053	15
135	— 0,314	2,681	— 10,6	90,5	56,5	71,4	— 29,3	— 0,117	15
125	— 0,670	2,981	— 22,6	100,4	69,5	76,1	— 36,7	— 0,224	65
110	— 1,114	3,231	— 37,6	108,7	89,5	72,5	— 40,8	0,345	35
110	— 1,462	3,151	— 49,3	106,0	82,8	82,5	— 36,8	— 0,464	45
110	— 1,105	3,139	— 37,2	105,6	86,5	71,0	— 39,5	— 0,353	45
90	— 1,995	3,036	— 67,3	102,3	102,3	67,3	— 43,1	— 0,657	32
90	— 3,000	3,186	— 101,0	107,4	107,4	101,0	— 45,6	— 0,942	53
110	— 1,242	3,299	— 41,8	111,0	90,0	77,2	— 42,5	— 0,377	50

wurde durch Ausmessung zu $F = 4012\ \text{cm}^2$ gefunden, der Staudruck $q = \varrho\,/2 \cdot v^2 = \text{kg/m}^2$ wurde für $\varrho = 1{,}125\ \text{kg/m}^4\ \text{sek}^2 = $ Dichte der Luft in Bodennähe und $v = $ Windgeschwindigkeit in m /sek eingesetzt, so daß dann

$$C_a = \frac{100\,A}{F \cdot q}\,, \qquad C_w = \frac{100\,W}{F \cdot q}\,,$$

$$C_l = \frac{100 \cdot L}{F \cdot q}\,, \qquad C_q = \frac{100 \cdot Q}{F \cdot q}\,,$$

wobei F immer in m^2 einzusetzen ist.

Die Skizze gibt Aufschluß über Kurse und Rahenwinkel und über die Lage der Kräfte im Verhältnis zum Modell.

Der Beiwert C_l ist für beide Versuche in den Diagrammen als Polardiagramm aufgetragen, abhängig vom Kurswinkel, gibt also in dieser Darstellung das bekannte Kurseck.

Die Momentenzahl C_m ist bezogen auf die Segelfläche F und auf die Schiffslänge, gemessen in der Wasserlinie (80 cm beim Modell). Der Bezugspunkt für das Moment ist der vorderste Punkt des Schiffes in der Wasserlinie (Punkt Null in der Skizze). Das Drehmoment um diesen Punkt ist also

$$M = \frac{C_m \cdot F \cdot q \cdot l}{100}\ \text{mkg}\,,$$

wobei $l = $ Schiffslänge in Meter in Höhe der Wasserlinie. Das Drehmoment ist bei diesem Versuch immer negativ $= $ linksdrehend.

Mit dem Takelagemodell mit festgemachten Segeln wurde noch ein Versuch bei Staudrücken von 3 bis 37 kg/m^2 gemacht, welcher zeigt, daß die Beiwerte sich nur sehr wenig ändern, daß aber der Hauptversuch, der bei $q = 6{,}1\ \text{kg/m}^2$ ausgeführt wurde, nicht gerade in einem kritischen Bereich lag und als solcher als genügend genau zu betrachten ist.

Nach dem Kurseck der C_l-Werte (Abb. 54) würde der günstigste Kreuzkurs ca. 4—5 Str. zum scheinbaren, also je nach dem Verhältnis von Schiffsgeschwindigkeit zur Windgeschwindigkeit, auf 5—6 Str. zum wahren Winde liegen, während das Maximum der Kraft erreicht wird, wenn der scheinbare Wind querein, d. h. der wahre Wind bereits raumeinfällt. Der maximale C_l-Wert beträgt hier ~ 100, um von hier ab, je mehr sich die Segel überdecken, bis auf 67 vor dem Winde abzunehmen.

Beim Versuch mit dem Takelagemodell (s. Abb. 55) mit festgemachten Segeln interessiert vor allem die größte Kraft in Längsschiffsrichtung und Querschiffsrichtung, da erstere maßgebend dafür ist, bis zu welcher Windstärke man evtl. mit einem Hilfsmotor noch gegen den Wind fahren kann, die letztere die maximale krängende Kraft gibt.

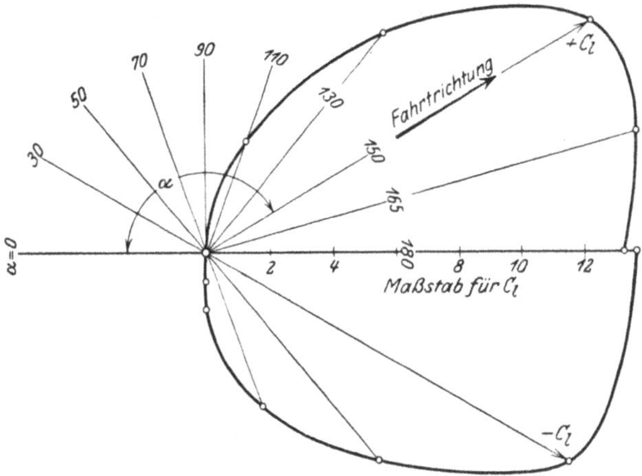

Abb. 55. Kurseck des Schonerbriggmodells mit festgemachten Segeln.

Tabellenblatt zu Abb. 55.

Art des Modells: Takelagemodell einer Schonerbrigg.

Rahen querschiffs. Segel festgemacht.

Kurs-winkel Grad α	Auftriebs-kraft A kg	Wider-stands-kraft W kg	Auftriebs-zahl C_a	Wider-stands-zahl C_w	Normal-kraft-zahl C_q	Tangen-tialkraft-zahl C_l	Momen-tenzahl C_m	Gleitzahl A/W	Stau-druck q kg/m²
0	0,000	0,334	0,00	13,7	0,0	− 13,7	0,2	0,000	6,1
30	− 0,080	0,419	− 3,27	17,1	11,4	− 13,2	− 4,1	− 0,191	6,1
50	− 0,113	0,452	− 4,60	18,5	17,1	− 8,4	− 6,6	− 0,349	6,1
70	− 0,065	0,547	− 2,66	22,4	21,9	− 5,1	− 8,9	− 0,119	6,1
90	0,023	0,574	0,92	23,5	23,5	− 0,92	− 10,2	0,039	6,1
90	0,043	0,575	1,77	23,9	23,9	− 1,79	− 10,4	0,074	6,1
110	0,113	0,565	4,67	23,5	23,6	3,61	− 11,2	0,195	6,1
130	0,143	0,502	5,92	20,9	19,8	8,88	− 10,2	0,284	6,1
150	0,055	0,426	2,29	17,7	10,8	14,2	− 5,9	0,129	6,1
165	0,045	0,366	1,87	15,2	5,7	14,2	− 3,3	0,123	6,1
180	0,000	0,321	0,00	13,3	0,0	13,3	0,0	0,000	6,1
180	− 0,005	0,173	− 0,21	13,7	0,4	13,7	0,27	− 0,029	3,14
180	0,001	0,620	0,05	12,9	0,25	12,9	0,08	0,002	12,0
180	0,000	1,204	0,00	13,1	0,00	13,1	0,05	0,000	23,0
180	0,000	1,886	0,00	12,6	0,00	12,6	0,05	0,000	37,3

Der größte C_l-Wert beträgt 13,7 bei Wind direkt von vorn, d. h. 13,7% der größten Vortriebskraft bei scheinbarem Winde querein, während C_q maximal bis auf 23,9 steigt bei halbem Winde, d. h. 18% des größten C_q-Wertes, der mit stehenden Segeln bei einem Kurswinkel α von 60° mit 133,5 erreicht wurde.

Wenn gerade diese letzten Werte aus den oben angeführten Gründen nicht als absolut richtig anzusprechen sind und noch hinzukommt, daß in praxi die Windgeschwindigkeit mit der Höhe zunimmt, der Widerstand des reinen Schiffskörpers hier, trotzdem er teilweise in der Grenzschicht auf dem Brett sich befindet, sich in größerem Maße bemerkbar macht, so kann man daraus doch schließen, daß der reine Takelagewiderstand bei festgemachten Segeln immerhin eine recht beträchtliche Größe noch erreichen kann, die eine relativ starke, über den Zweck einer Hilfsmaschinenanlage hinausgehende, Antriebskraft erfordert, wenn das Schiff bei starken widrigen Winden noch Fahrt voraus machen soll.

IV. Entwicklungsmöglichkeiten.

Nachdem wir uns bisher damit beschäftigt haben, die Wirkung der Luftströmung auf die Einzelteile der Takelage zu erforschen und aus dem Wirkungsgrade der gegenseitigen Beeinflussung auf die Wirkung der Takelage als Ganzes zu schließen, wollen wir jetzt das Fazit dieser Untersuchungen ziehen und überlegen, wie man zweckmäßigerweise die Takelage eines Seglers anordnet und konstruiert, um einerseits gute Segeleigenschaften, vor allem in der Am-Wind-Fahrt, zu erzielen, andrerseits bei gegebener Segelfläche die mit dieser Fläche zu erzielende Kraft möglichst zu steigern.

Danach wäre Umschau zu halten nach neuartigen Formen, die evtl. eine weitere Entwicklungsmöglichkeit bieten.

I. Eine Verbesserung der Am-Wind-Eigenschaften ist möglich:

a) Durch Verminderung des Widerstandes.

1. des induzierten Widerstandes durch Anordnung möglichst nur einer Fläche elliptischen bis rechteckigen Umrisses von möglichst großer Höhe bei geringer Tiefe, soweit dies konstruktiv irgendwie möglich ist, bzw. bei notwendiger Unterteilung Unterbringung der gegebenen Segelfläche in möglichst schmaler und hoher Zusammenstellung und räumlicher Trennung der einzelnen Aggregate, um die gegenseitige Beeinflussung herabzumindern.

Den induzierten Widerstand würde ebenfalls, sofern konstruktiv möglich, dichter Abschluß der Segelfläche an Deck vermindern, da hierdurch die „Belüftung" des unteren Endes der Fläche vermieden und die unteren Randwirbel vermindert werden können.

Ähnlich wirken Endscheiben vermindernd auf den induzierten Widerstand (s. hierzu Ztschr. d. Vereins Deutscher Ing. vom 3. Januar 1925, Dr. Betz, Der Magnuseffekt, die Grundlage der Flettner-Walze und Vorläufige Mitteilungen der Aerodynamischen Versuchsanstalt zu Göttingen, Heft 2, Flügel mit seitlichen Endscheiben von F. Nagel).

2. des Profilwiderstandes durch Vermeidung zylindrischer Körper als Mastformen, die lediglich als Widerstandskörper wirken und statt dessen Anwendung stromlinienförmiger Mastformen und Mastverkleidungen, bzw. ganz oder teilweise formfester Profilflächen, deren Kräfteverlauf wir noch verfolgen werden.

3. des Windwiderstandes des ganzen Überwasserschiffes überhaupt durch Vermeidung von konstruktiven Elementen, die nur Widerstandskörper sind, ähnlich den Verspannungen der ersten Flugzeuge, wie Wanten, Fallen usw., also das gesamte stehende und laufende Gut, d. h. Bau von frei tragenden Flächen, die die zu ihrer Bedienung erforderlichen Elemente in ihrem Innern führen, und durch Vermeidung hoher Aufbauten mit scharfkantigen Frontflächen und Einbeziehung solcher in die ganze Überwasserschiffsform.

b) wie sich nachweisen läßt, durch Verminderung der Abtrift durch Erhöhung des Seitenwiderstandes des Unterwasserschiffskörpers, da Abtrift, d. h. Bewegung in einem „Anstellwinkel" zur Strömung, den Schiffswiderstand erhöht und weniger hoch am Winde zu fahren gestattet.

II. Eine Steigerung der Gesamtkraft an sich bei gegebener Fläche ist möglich:

a) bei Beibehaltung der Leinwandflächen durch Erhöhung der Wölbung dieser.

Da mit der Leinwandfläche selbst durch Fieren etwa der durch Schoten gehaltenen Schothörner sich die Wölbung nur bis zu einem gewissen Grade und nur auf raumeren Kursen steigern läßt, wo der Einfallswinkel des Windes größer wird, da sonst das Vorliek dauernd killen würde, käme die Anwendung biegsamer Bäume, Gaffeln und Segellatten in Frage, die das Segel genügend „formfest" machen, um jedes gewünschte Maß der Wölbung zu erreichen.

b) durch Anwendung stromlinienförmiger Mastverkleidungen als Vorstufe zu ganz oder teilweise formfesten Profilflächen, die größere Auftriebswerte ergeben.

c) durch Verwendung des Lachmann- bzw. Handley-Page-Effektes bzw. des beim „Flettner-Rotor" bereits zur Ausführung gelangten und unter dem Namen Magnus-Effekt bekannten Phänomens des rotierenden Zylinders.

Der erste Schritt weiter über das Leinwandsegel hinaus wäre, wie wir sehen, die Verwendung von Flugzeugtragflächen ähnlichen Triebflächen. Ein reichhaltiges Versuchsmaterial über die Ausbildung derartiger Körper liegt in den Veröffentlichungen der Göttinger Aerodynamischen Versuchsanstalt vor.

Um einen vergleichenden Überblick der möglichen Kräftesteigerungen zu erhalten, sind in Abb. 56 einige Polarkurven zusammengezeichnet und die zugehörigen Kursecke konstruiert, und zwar:

a) Segelmodell Nr. 1719, Seitenverhältnis 1 : 2,17,

b) Segelmodell Nr. 1814, Gaffel lose, Seitenverhältnis 1 : 1,5
nach den Versuchen der Flettner-Gesellschaft.

c) Gewölbte Platte, 1/13,5 Pfeil, Seitenverhältnis 1 : 1,5,

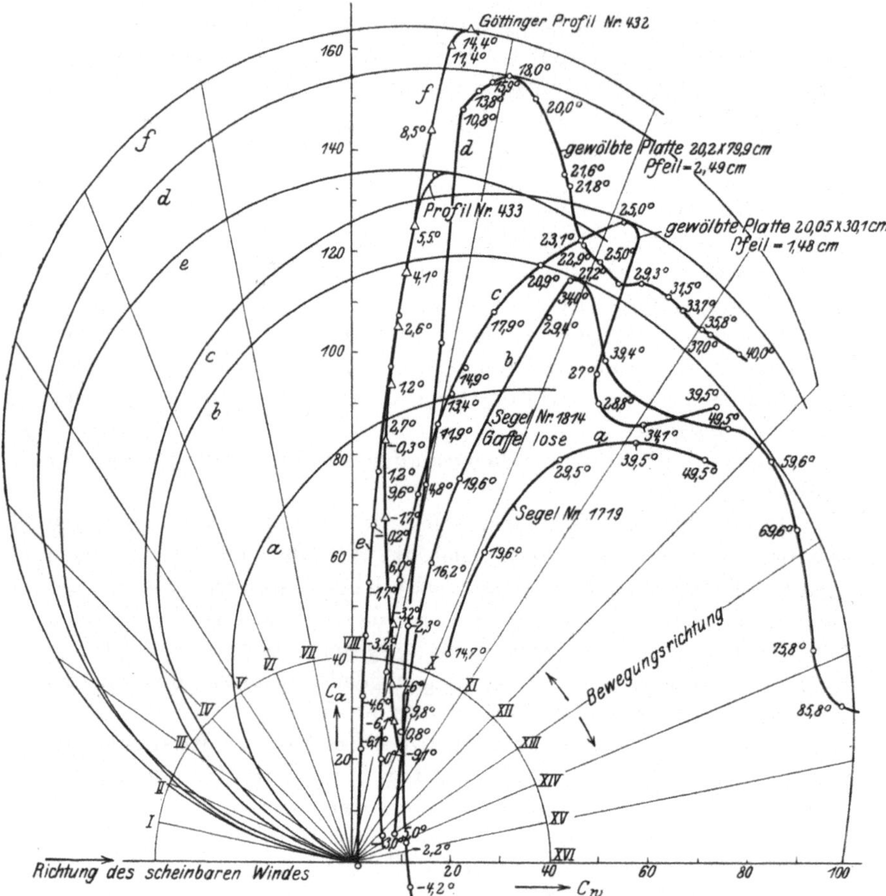

Abb. 56. Polarkurven und Kursecke verschiedener Profile, gewölbter
Platten und Segel.

d) Gewölbte Platte, 1/8 Pfeil, Seitenverhältnis 1 : 4
nach Messungen Föppls.

e) Flugzeugprofil Nr. 432, Seitenverhältnis 1 : 5,

f) Flugzeugprofil Nr. 433, Seitenverhältnis 1 : 5
nach „Ergebnisse der Aerodynamischen Versuchsanstalt Göttingen,
I. Lieferung".

Es ist uns also möglich, hier die Wirkung der Zunahme der Wölbung, eines günstigen Seitenverhältnisses und der Profilgebung gleichzeitig zu verfolgen.

Vergleichen wir die Auftriebsmaxima, so erkennen wir, daß sie beim Leinwandsegel zwischen 80—115 liegen, einfache, kreisgewölbte Platten erreichen je nach dem Maße der Wölbung Werte bis 120—160, die auch von guten Profilen kaum übertroffen werden, nur mit dem Unterschiede, daß die Widerstandsbeiwerte von Profilen erheblich geringer sind als die der gewölbten Platten und Segel. Wir machen zunächst wieder dieselbe Beobachtung wie bei den Messungen der gewölbten Platten mit Rundstab an der Vorderkante, daß der Mast in Form eines zylindrischen Körpers an der Eintrittskante sowohl die Erreichung eines hohen Auftriebsmaximums beeinträchtigt, wie auch die Widerstandsbeiwerte wesentlich erhöht und damit die Am-Wind-Eigenschaften verschlechtert.

Während nun das Leinwandsegel bis ca. 20⁰ Anstellwinkel im Vorliek noch „killt" und das Auftriebsmaximum erst bei 30—35⁰ hat, liegt dieses bei festen kreisgewölbten Platten schon bei 20—25⁰, es ist also ohne konstruktive Maßnahmen besonderer Art gar nicht möglich, eine für die Erzielung eines hohen Auftriebsmaximums erforderliche Wölbung zu erreichen, da bei einem Leinwandsegel genügender Wölbung so geringe Anstellwinkel gar nicht möglich sind.

Ferner sehen wir hier, wie auch schon früher, daß mit zunehmender Wölbung bei festen Flächen eine zunehmende Widerstandsvermehrung eintritt.

Hohe Auftriebswerte bei trotzdem geringen Widerstandsbeiwerten erreicht eben nur das Profil, das jedenfalls für die Am-Wind-Fahrt die günstigste der bisher betrachteten Formen darstellt, denn betrachten wir am Winde die Punkte, wo gleiche c_l-Werte erreicht werden (siehe Abb. 57), so erkennen wir, daß die Profile diese durchweg $1^1/_2$—2 Str. höher am Winde erreichen, um dieses Maß vermag also ein mit Profilen betakeltes Schiff bei gleicher Geschwindigkeit höher anzuliegen. Vergleichen wir andrerseits die Kräfte auf gleichen Kursen, so erreichen auf 4 Str. zum scheinbaren Winde die Segelmodelle C_l-Werte von 27—50, gewölbte Platten von 55—90, Profile von 85—100, auf 6 Str. schwanken die C_l-Werte für die Segelmodelle zwischen 60—90, für die gewölbten Platten zwischen 95—130, für Profile zwischen 120—145.

Auf raumeren Kursen, wo die Messungen für Platten und Profile leider nicht bis 90⁰ Anstellwinkel durchgeführt sind, verschieben sich die Werte noch etwas zugunsten der Segelmodelle, da auf diesen Kursen die Widerstandsbeiwerte die Erzielung einer genügend großen Vortriebskomponente nicht mehr verhindern wie in der Am-Wind-Fahrt.

In erster Annäherung kann man wohl sagen, daß sich durch Anwendung günstiger Seitenverhältnisse, entsprechender Wölbung oder Profilgebung eine Reduzierung der Segelfläche auf höchstens 60—70% ermöglichen läßt, um durchschnittlich gleiche Kräfte wie vorher zu erzielen.

Nun stehen der konstruktiven Ausführung formfester Triebflächen zwar noch einige Schwierigkeiten im Wege:

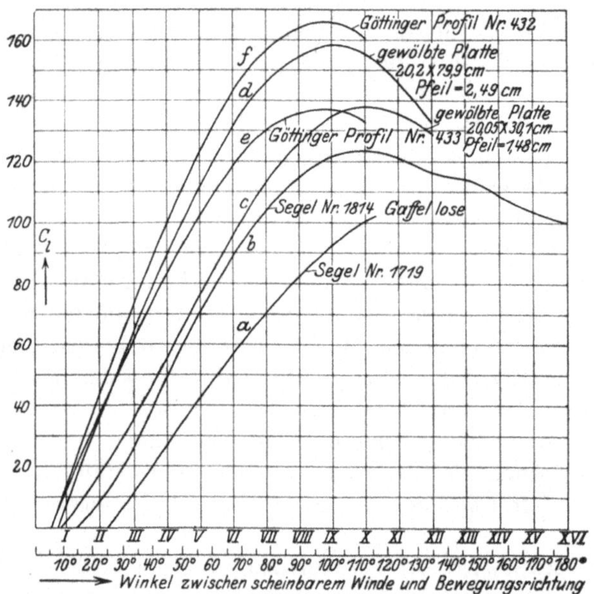

Abb. 57. Kurven der C_l Komponenten in Bewegungsrichtung des Segelfahrzeuges auf den verschiedenen Kursen zum scheinbaren Winde.

1. Segelflächen sind nicht einseitig wie die Tragflächen eines Flugzeuges beaufschlagt, sondern müssen nach Backbord und Steuerbord gleich gut wirken.

2. Wie ermittelt man die günstigste Einstellung zum Winde, da es hier kein killendes Vorliek gibt?

3. Was geschieht mit der noch immer relativ großen Fläche bei Sturm, die als festes Profil nicht reffbar ist und teleskopartiger Bau oder dergleichen aus Gewichts- und konstruktiven Gründen von vornherein zu verwerfen ist?

Wie in systematischem Forschen in gemeinsamer Arbeit der Flettner-Gesellschaft mit den Herren der Göttinger aerodynamischen Versuchsanstalt und der Germaniawerft auch konstruktive Lösungsmöglichkeiten dieser Fragen gefunden wurden, zeigt im wesentlichen der von

Herrn Direktor Anton Flettner vor der Schiffbautechnischen Gesellschaft im November 1924 zu Berlin gehaltene Vortrag.

Durch verstellbare Enden sollten aus symmetrischen Profilen einseitig gewölbte hergestellt werden, die als Doppeldecker- oder Dreideckersystem ausgebildet um eine gemeinsame Achse schwingend durch eine Steuerungsfläche, ähnlich dem Hilfsruder des Flettner-Ruders, sowohl in bestimmten Winkeln zur Strömung wie auch bei Orkan in Null zum

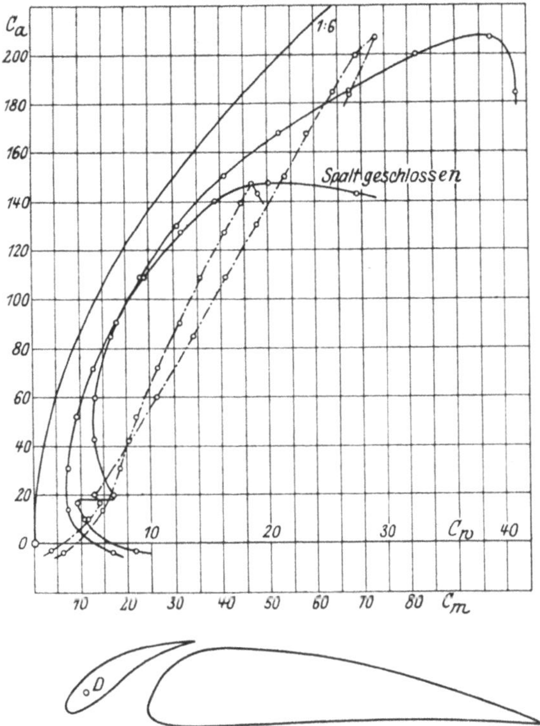

Abb. 58. Messung eines Tragflügels mit unterteiltem Profil[1])

Winde gehalten werden sollten, so daß in letzterem Falle nur der geringe Stirnwiderstand der Profile eine Kraft auf das Schiff ausübte.

Um eine weitere Kräftesteigerung und damit Flächenreduzierung zu erzielen, wäre noch das Phänomen der Schlitzflügel von Lachmann und Handley Page zu erwähnen.

Es ist hier ein Weg gegeben, der für Segelprofile vielleicht noch zukunftsreicher werden kann als im Flugzeugbau, da wir beim Segler ja gerade im Gegensatz zum Flugzeug mit relativ größeren

---

[1]) Vgl. Ergebnisse der Aerodynamischen Versuchsanstalt Göttingen. II. Lfrg., S. 59.

Anstellwinkeln arbeiten können, bei denen der sog. Lachmann-Effekt eintritt.

In Abb. 58 sehen wir ein derartiges Profil, das die Wirkung der Schlitze zeigt. Es erreicht mit geschlossenem Spalt C_a-Werte bis zu 150, d. h. den Höchstwert guter Durchschnittsprofile. Durch den Schlitz wird dieser Wert ganz wesentlich bis auf 210 gesteigert, allerdings bei gleichzeitiger Erhöhung der C_w-Werte bei kleineren C_a-Werten und Anstellwinkeln.

Wegen der Begründung des eigenartigen Verhaltens der unterteilten Flügel vergleiche man den Vortrag von A. Betz auf der W. G. L.-Versammlung in München 1921.

Der hohe Effekt wird dadurch erzielt, daß durch die Durchströmung des Schlitzes ein Abreißen der Strömung auf der Unterdruckseite des Profiles bei höheren Anstellwinkeln vermieden und dadurch eine weitere Steigerung der C_a-Werte erzwungen wird.

Während normalerweise die Strömung bei Segeln bei 30—35°, bei Profilen bei ca. 15° abriß, folgt sie jetzt bis über 45° der Saugseite.

Vielleicht hat das Vorsegel einer Jacht schon eine ähnliche Wirkung.

Wenn auch die obigen Formen wegen ihrer einseitigen Ausbildung als Triebflächen wieder für Segler nicht ohne weiteres zu verwenden sind, so dürfte doch hier der Weg gegeben sein, der weiter zu beschreiten ist, hier der Angelpunkt des Triebflächenproblems liegen, an dem weitere Arbeit einzusetzen hat, denn dann, wenn es möglich ist, derartig hohe Auftriebszahlen zu erzielen, ist das schwierigste Problem, das Verhalten fester Flächen bei Sturm, weit weniger bedeutungsvoll.

Ganz andere Perspektiven eröffnet jedoch der rotierende Zylinder, der die acht- bis zehnfachen Auftriebswerte eines Segels hat und dessen Wirkungsweise und konstruktive Ausführungsmöglichkeit die mannigfaltigen Veröffentlichungen der letzten Zeit und der erfolgreiche Umbau des Dreimasttoppsegelschoners „Buckau" auf der Germaniawerft zum „Flettner-Rotorschiff" zeigen.

Hiermit wäre ich am Ende der Aufgabe, die ich mir in dieser Arbeit gesetzt habe, auf Grund auch quantitativ brauchbarer Versuchsergebnisse einen Einblick zu gewinnen in das Spiel der Luftkräfte in der Takelage eines Segelschiffes und ihre Abhängigkeit von den verschiedenen Faktoren, wie Seitenverhältnis, Umriß, Wölbung und Profilgebung zu verfolgen und neue Entwicklungsmöglichkeiten zu finden. Eine Erklärung der Entstehung dieser Strömungsvorgänge zu geben, ist die Aufgabe der wissenschaftlichen Aerodynamik.

Die Einführung des Begriffes der sog. Zirkulationsströmung in die Potentialtheorie der klassischen Hydrodynamik ermöglichte es zwar, den Zusammenhang des Strömungsverlaufes mit dem Auftrieb zu verstehen, für die Frage nach dessen Entstehung gab jedoch erst die Prandtlsche Grenzschichttheorie eine Erklärung.

Nach dieser Theorie ist die Reibungswirkung der Luft hauptsächlich auf eine relativ dünne Schicht in der Nähe der Körper beschränkt. Das Entstehen der Grenzschicht verhindert das Zustandekommen einer laminaren Strömung bei höheren Anstellwinkeln, vor allen Dingen, wenn der Druckanstieg derartig plötzlich ist, wie es bei Profilen der Fall zu sein pflegt. Sie gibt uns die Erklärung für den bei den Versuchen mit den Segeln und Platten beobachteten Strömungsumschlag und das Turbulentwerden der Strömung auf der Saugseite[1].

Wie Schlitzflügel und Rotor nichts sind als eine Auswirkung und Anwendung dieser wissenschaftlichen Erkenntnisse, so sind wir uns bewußt, daß ein Finden neuer Wege nur aufbauend auf ihnen möglich ist. Die praktische Laboratoriumsarbeit kann nebenher neue Anregungen geben, liefert uns vor allen Dingen aber die für die Konstruktionen der Ingenieure notwendigen brauchbaren quantitativen Versuchsergebnisse.

Auf den grundlegenden Erkenntnissen, dieser Arbeit aufbauend ist man heute bereits in der Lage, die Bewegung eines idealen Fahrzeuges mit unendlich großem Seitenwiderstande nur in Kielrichtung ohne Berücksichtigung der Abtrift auf den einzelnen Kursen zum Winde zu verfolgen.

Es ist möglich, unter dieser Einschränkung den Einfluß verschiedener Verhältnisse von Segelfläche zu Schiffsgröße, d. h. mehr oder wenig stark betakelte Fahrzeuge und Fahrzeuge mit sehr geringem Widerstande in Bewegungsrichtung, wie Catamarans und Segelschlitten, zu untersuchen, und den theoretischen Nachweis zu führen, daß letztere am Winde eine größere Fahrtgeschwindigkeit als Windgeschwindigkeit zu erreichen vermögen.

Die Beschränkung des Umfanges dieser Arbeit und das Fehlen jeglicher Versuche und Erkenntnisse über das Kräftespiel bei einem unter einem Anstell-, d. h. Abtriftwinkel sich bewegenden Schiffe lassen es jedoch heute noch nicht zu, die Kräftegleichungen für das sich mit Abtrift bewegende Segelfahrzeug aufzustellen.

Deshalb kann diese Arbeit nur ein Anfang sein, eine aerodynamisch begründete Segeltheorie zu schaffen, und zunächst nur einen Einblick in das vielseitige Spiel der Luftkräfte geben.

Die nächste Aufgabe wäre weiterbauend die Aufstellung der Beziehungen für das Kräfte- und Momentengleichgewicht des Segelfahrzeuges in der Bewegung.

---

[1] S. hierzu A. Betz, a. a. O., V. D. I., 3. Januar 1925.